U0527371

被支配的
占有欲

为何我们总想要更多？

POSSESSED

WHY WE WANT MORE THAN WE NEED

［英］布鲁斯·胡德(Bruce Hood) 著

傅小兰 赵科 李开云 胡颖 刘烨 彭玉佳 译

中信出版集团｜北京

图书在版编目（CIP）数据

被支配的占有欲：为何我们总想要更多？/（英）布鲁斯·胡德著；傅小兰等译 . -- 北京：中信出版社，2022.10

书名原文：Possessed: Why We Want More Than We Need

ISBN 978–7–5217–4631–0

I.①被… II.①布…②傅… III.①欲望-研究 IV.① B848.4

中国版本图书馆 CIP 数据核字（2022）第 144147 号

Possessed: Why We Want More Than We Need
Copyright © 2019 by Bruce Hood. All Rights Reserved
Simplified Chinese translation copyright © 2022 by CITIC Press Corporation
All RIGHTS RESERVED
本书仅限中国大陆地区发行销售

被支配的占有欲：为何我们总想要更多？

著者：　　[英] 布鲁斯·胡德
译者：　　傅小兰、赵科、李开云、胡颖、刘烨、彭玉佳
出版发行：中信出版集团股份有限公司
　　　　　（北京市朝阳区惠新东街甲 4 号富盛大厦 2 座　邮编　100029）
承印者：　北京顶佳世纪印刷有限公司

开本：880mm×1230mm 1/32　　印张：9.25　　字数：172 千字
版次：2022 年 10 月第 1 版　　印次：2022 年 10 月第 1 次印刷
京权图字：01–2022–5471　　　书号：ISBN 978–7–5217–4631–0

定价：68.00 元

版权所有·侵权必究
如有印刷、装订问题，本公司负责调换。
服务热线：400–600–8099
投稿邮箱：author@citicpub.com

献给我的律师兄弟罗斯,

尽管他的职业专注于所有权,

但他仍是我认识的最慷慨的人之一。

译者序

人生所求不应在所有

一本书有益且有趣，便可谓好书。《被支配的占有欲：为何我们总想要更多？》正是这样一本好书！它深入浅出、引人入胜地阐释了所有权心理如何塑造并控制我们人类的行为，令人耳目一新、茅塞顿开。

"拥有"与人们的日常生活息息相关，是人类心智中最强大的概念之一。"得寸进尺""得陇望蜀"形象地描绘了人性中贪婪的一面。人们为何总想要更多，总想不停地占有呢？为什么同样是获得一只手表的所有权，但名牌手表（如劳力士）却比普通手表更令人快乐呢？所有权从何而来？为何它如此抽象却连孩子也能理解并且运用自如呢？很显然，许多人一味地追求所有权，却并没有真正地去思考过这些问题。

《被支配的占有欲：为何我们总想要更多？》作者是屡获殊荣的认知心理学家布鲁斯·胡德。他在书中为我们清晰地阐述了所有权这个概念，人们如何习得"所有权"，为什么需要拥有所有权，以及人类为什么在这方面具有独一无二的能力。这些问题的探讨无疑具有十分重要的现实意义。一旦你明白了所有权观念源自童年时代，那你将会知道应该如何理解他人以及如何教育孩子；一旦你知晓拥有某件东西并不仅仅是完成交易那么简单，那你就能发现自己的弱点是如何被他人操控的；一旦你理解所有权是自我的延伸，那你或许可以提升涉及自身利益时的谈判能力。

人类天生具有竞争性，我们进行自我－他人比较的一个明显的方式是基于我们拥有的东西。想要拥有更多的欲望正是由我们和竞争对手之间在所有权上的相对差异所驱使。所有权这个概念是从人和动物最原始的"占有"发展而来。我们对所有权的态度主要与个人身份和社会公认的隐性规则有关，始于婴幼儿直至成年。

所有权造成了不平等，并通过特权继承的优势，使社会中的不公平被固化。然而，道德的存在又可以让拥有较多资源的人与拥有较少资源的人进行分享，人的天性和道德原则也会促使人出现利他行为，社会因此而显得比较公平。

无论是穷人还是富人大都热衷于积累和炫耀财富，以获得身份认可和社会认同，但拥有财富和获得幸福之间并非简单的对应关系。针对贫富差距、消费主义、金融危机、奢侈品消费、财富分配、炫富等当下热门社会话题，作者深刻剖析了其映射的炫耀性消费、恶意嫉妒、刻板印象等心理现象与行为表现。

我们所拥有的一切塑造了自我。所有物是自我的延伸，甚至我们需要通过自己的所有物来外化自我，通过所有物传达出我们是谁的信号。因此，人们对财富和物品表现出情感依恋、拜物主义甚至恋物癖，不情愿分享自己的所有物，也更害怕失去已经拥有的东西。

人们常说，能读一本好书是读者的幸运。我想说的是，能译一本好书更是译者的幸运。能与《被支配的占有欲：为何我们想要更多？》这本好书结缘，我要感谢中信出版社的编辑团队。2022年1月编辑联系我，问我是否有意愿翻译这本书。我对这本书的内容很感兴趣，便欣然同意，并邀请活跃在科研教学一线的5位年轻的心理学博士加盟，他们是胡颖（中国科学院心理研究所助理研究员）、李开云（济南大学副教授）、刘烨（中国科学院心理研究所副研究员）、彭玉佳（北京大学研究员）和赵科（中国科学院心理研究所副研究员）。数日后我们就与中信出版社签署了这本书的图书委托翻译合同，并明确了分工。具体分工如下：

引言（胡颖译）

第1章 我们真的拥有什么吗（傅小兰译）

第2章 非人类可以占有，但只有人类能够拥有（赵科译）

第3章 所有权的起源（李开云译）

第4章 只是关于公平（李开云译）

第5章 所有物、财富与幸福（胡颖译）

第 6 章　我即我之所有（刘烨译）

第 7 章　放手（彭玉佳译）

尾声（彭玉佳译）

致谢（彭玉佳译）

　　翻译团队紧锣密鼓地着手工作，很快完成初译稿并进行了第一轮译者间互校（每章译者审校其后面一章的译稿），提交全书初译稿半个月后得到编辑修改建议；之后我们修改初译稿，并进行第二轮译者互校（每章译者审校其前面一章的译稿），又对整合后全书译稿进行了两轮审阅，最终将全书定稿提交于编辑。

　　回想翻译过程，感触最深的就是作者对于所有权的独特视角并始终将理论与实践紧密结合。结合作者阐述的理论与观点，我们也真切感受到日常生活中随处可见的鲜活事例，进而与作者产生强烈的共鸣。作者布鲁斯·胡德是布里斯托尔大学实验心理系认知开发中心现任主任，也是已有 200 年历史的"英国皇家科学院圣诞演讲"的明星专家。他履历丰富，曾在剑桥大学和伦敦大学担任研究员，是麻省理工学院的访问学者，在哈佛大学任教。布鲁斯·胡德的思路清晰严谨、抽丝剥茧，文笔自然生动、流畅连贯，素材信手拈来、通俗易懂，例如：旅途过程中无人认领的杂志、公地悲剧、公园中有趣的石头、安抚孩子的法宝"安全毯"……让我们了解到所有权与自我、公平、道德、财富及幸福等的深层次联系，并且对于人们为何总是想要得更多也有了更深刻的思考。

我相信读者们一定会喜欢上这本书。对所有权的思考会让我们深刻反思和重新认识人生的意义。如果我们都能不再那么看重自己的"一亩三分地",也许就会生活得更幸福吧!

最后,我代表全体译者,感谢中信出版社的邀请以及对译稿提出的意见和建议,感谢所有参与成书的工作人员!我还要感谢彭兴业博士、生冀明博士和康政先生提出的建设性意见和建议,感谢全体译者齐心协力、精益求精,最终呈现给读者朋友们这样一本有益且有趣的佳作!

傅小兰

中国科学院心理研究所　所长

中国科学院大学心理学系　主任

导读

为何我们不容易因所拥有的而满足？

通过手机、电视、商务写字楼电梯里的电子屏幕，只要我们睁开双眼，各类商品的广告便会映入眼帘。在这样一个物质丰盛的时代，我们自由选择商品和生活的权利似乎比以前更大了，却又总觉得还"缺点什么"。我们为了给常年处于"996"工作中的自己一点儿犒赏和慰藉，为了维持当前的消费水平而拼命努力工作；我们尽可能多地积攒物质财富，并且深信这就是此生的意义。然而，当我们已经实现了基本的需求，却依然难以感到满足。为何我们总是想要更多？究竟是原始的欲望作祟还是我们身处自己无法跳出的欲求社会？对此，英国心理学家布鲁斯·胡德在《被支配的占有欲：为何我们总想要更多？》这本书里给我们做出了解答。

中文书名中的"占有欲"三个字看起来充满主观能动性，试图将一切牢牢握在手中，然而"被支配"三个字又似乎让一切滑向失控。我们被永不满足的欲望所支配，总是想要拥有更多，甚至会购买和消费超出自己所需的物品，想要占有更多的冲动时时刻刻在体内涌动。在胡德看来，我们为拥有的事物或骄傲或烦恼的心理背后，是在潜意识里，我们已经认定一个人在世间的存在，由其能拥有的东西而定义。然而胡德却一针见血地告诉我们："我们以为幸福来自得到我们想要的，但我们想要的往往不能让我们幸福。"

胡德认为造成拜物主义的一个重要根源，是我们对于"所有权"的执念遍布所有生活场景：小到一个平时常用的物件，大到一栋房子、一段感情……当我们在这些东西上面花的时间越长，越容易产生"这是我的""我是它真正的主人"的想法。一旦有了这样的念头，我们便会基于自己所拥有的东西进行自我-他人的比较，希望自己比亲戚、朋友、同事赚更多的钱，拥有更多的东西。所有权并不是成年人独有的，而是一种本能，一个3岁的孩子都知道看管好自己的玩具小汽车，轻易不和其他人分享。随着所有权的概念在人类头脑中通过长期的构建变得根深蒂固，就会让我们更想要占有更多而拒绝与他人共享。

另一个重要原因，则是我们喜欢炫耀、渴望获得认可。在很多人的观念里，消费是一种符号，一种可以被社会接纳的标志，我们希望通过财产所有物来表明自己在社会上取得的成绩，以及向外发出功成名就的信号来增加社会的认可度。比如，一些没有那么有钱，甚或是贫困的家庭，也会把收入的很大一部分投到奢侈品上，而非购买更加必需的生活品，希冀通过财产所有物来表明自己也应该和社会上流阶层同等受到重视。

社会学家齐格蒙特·鲍曼（Zygmunt Bauman）在《工作、消费主义和新穷人》(Work, Consumerism and the New Poor)一书中提出了"新穷人"的概念——在一个消费社会中，我们自由选择商品和生活的权利似乎更大了，但终究都变成了忙碌终日的"新穷人"。不论自己怎么跃升，几乎永远有人的消费能力在我们之上，日益发达、无孔不入的各类媒体，勾连了世界，让我们始终能看到令人羡慕的"别人的生活"，并不断产生模仿的欲望。其结果，消费社会的穷人不再是"失业者"，而是"有缺陷的消费者"，也就是无法为满足不断更新的欲望而消费的人们。

你可能会说，贫穷也容易让我们感到举步维艰。那么，当财富达到怎样的水平时，我们的物质与精神才会获得一个相对的平衡呢？胡德在书中引用了一项针对45万美国成年人的主观幸福感和收入关系的研究，这项研究发现当人们年收入达到7.5万美元时是最幸福的，在那之后，幸福感趋于平缓，即使获得了额外的收入，对于幸福感的提升也没有显著影响。高收入可以让我们买到生活的满足感，但不能买到幸福，这样说是不是有点酸？然而，从人们的消费模式上也可以看出，无形的商品，例如度假、听音乐会、外出就餐，会比购买奢侈品、珠宝、电子产品等有形的物质带来更加持久的满足感。换言之，人们更喜欢为体验消费买单而不是为物质商品买单。胡德认为，体验带来的满足感既来自体验本身，也来自事后的回忆——"因为记忆不是一成不变的，而是会随着每一次复述而重建的。经过一次又一次回忆，我们最终无法区分现实和幻想。在复述经历时，这些体验会成为我们身体的一部分，并增加我们的社会资本，即人们通过人际关系积累的资源"。

胡德进一步指出，物质消费往往是一件孤立的事情，与之相比，体验往往涉及和其他人的沟通、交往，具有社会属性。我们通过在社交媒体上发布视频、照片来展示我们的体验经历，特别是当发布了一张自己满意的照片后，我们希望得到别人的欣赏、羡慕，无论是通过对物质的追求还是对体验的追求，事实上，都是在发出信号表明我们的地位、我们的与众不同。

从另一方面来看，我们不仅通过所有物向他人传递信号，所有物也在向我们传递我们是谁的信号。正如胡德在书中所说，所有物是自我的延伸。在此，胡德引用了马克思在《资本论》的开篇中将商品拜物主义描述为人们与产品之间的心理关系的一段描述："我们赋予事物的价值是基于我们愿意为之所付出的代价。即使某个物品没有实用价值，我们赋予该物品的价值也会作为其固有属性传递给它。一旦市场认为某种商品有价值，消费者就会对其产生情绪反应。"各路商家的高明营销手段也总是用各种方式提醒着你，如果这东西是你的，你会看起来多么耀眼、高级、迷人，它会给你带来一段多么难忘的回忆……就这样在不知不觉中，我们的购买行为被拜物主义准确操控了。

书中还提到了很多心理学的经典理论，比如损失厌恶、禀赋效应等，都进一步解释了为什么我们对一些所有物有着如此深的执念，为什么我们能在消费中不断获得买买买的快感，为什么我们不容易因为所拥有的而满足。我们往往会对所有物赋予过高的价值，因为它们是自我的延伸，每一次占有都像是饮鸩止渴般地让人上瘾，强大的情感驱动力促使我们沉入越占有、越快乐的迷思中。许多人相信，如果拥有更多超出所需的东西，他们就会满足，这也成为他们生命的全部意义。在胡德看来，所有权不仅是生物意义上的本能，也是我们道德、文化、政治和世界观的核心。所有权像是一股力量，牵引着我们做出一些非理性行为，把对自我的构建过分紧密地与所拥有的东西联系在一起。

马克思说过，金钱是一种非常可怕的理性量化工具，会把所有的物品全部圈进商品的范围之内。在金钱出现之前，物与物的交易关系必须用复杂的倍数关系来进行处理。每一件东西一旦成为商品，便立刻取得了以金钱为标识的售价，它和其他商品之间的高低之分，马上换算成了商品价格之间的高下，商品和商品之间的关系就变得非常一目了然。当我们把所有的东西都看作一件件标记了明确清晰价格的商品之后，就必然会用价格来绑架自己和世界之间的关系，我们就会被价格所包围，被价格剥夺了欲望的自主性。在积累更多东西的过程中，我们变得越来越不满足。对于金钱的追求往往容易导致人们陷入一种对欲望沟壑的填补之中，在这场几乎没有终点的追逐里，我们会逐渐忘记自己最初的目的是什么。胡德也在书里犀利地指出，追求过程中的快感以及害怕失去的心理预期带来的巨大消极感表明，所有权是人类最强烈的本能之一，很难受到理性的约束。

在本书的最后，胡德指出，所有权使得社会变得越发不公平，从而导致贫富差距成为今天这个时代的典型问题之一。胡德列举了一个名为"100美元赛跑"的视频，该视频生动地说明了继承下来的财富和特权如何在生活中带来不公平的优势：100位少年排成一行赛跑，赢者将会获得100美元的奖励。但是在比赛之前，裁判会问几个问题让大家回答，回答"是"的可以向前迈出两步；回答"否"的，则留在原地。这些少年会逐一被问到，如果他们接受私立教育，就向前迈出两步；如果他们不缺钱，就向前迈出两步，依此类推。在裁判抛出大约10次这样的问题之后，赛跑还没开始，在最前面的领先者已经主要是白人学生了，而更多的黑人和少数族裔的学生依旧停留在起跑线上。等开始比赛的枪声响起，即使后面的孩子拼尽力气，他们实际上已经输在了起跑线上。

贫富差距已经成为今天这个时代最典型的问题。美国最富有的 20% 的人拥有大约 84% 的财富，而最贫穷的 20% 的人只拥有全美 0.1% 的财富。人们为了保住自己拥有的一切而奋斗，但并非每个人都能致富，因此造成了扭曲的竞争。然而总有一天我们终会死亡，会化为尘土，胡德在书中用了一个很精妙的比喻来形容："我们就像用一生的时间在沙滩上建造带有塔楼和护城河的沙堡，以抵御入侵者，结果它们最终被时间的浪潮冲走。"

或许我们应该重新审视我们已经拥有的，就会发现所需要的不是更多的东西，而是更多时间，来品味我们所拥有的一切。

严飞

清华大学社会学系　副教授

目录

引言·1

第1章
我们真的拥有什么吗

谁捡到就归谁·13

何为财产·18

你是我的·23

父母的财产·29

政治所有权·33

你可以拥有自己的想法吗·39

只是一个概念 ·45

第 2 章
非人类可以占有，但只有人类能够拥有

生存竞争·48

制造的思想·52

相对价值·55

你会袖手旁观吗·61

公地悲剧·68

第 3 章
所有权的起源

谁该拥有那幅班克斯作品·73

胡萝卜加大棒·80

那是你的吗·83

什么可以被拥有·88

谁能拥有什么 · 90

泰迪熊和毯子 · 93

超越简单的占有 · 99

第4章
只是关于公平

美国人更愿意生活在瑞典 · 102

独裁者博弈 · 108

礼尚往来 · 111

道貌岸然的伪君子 · 113

赏罚分明 · 117

让我们齐心协力 · 122

再见，经济人 · 127

第 5 章
所有物、财富与幸福

攀登成功的阶梯·130

消费扩张的结果·133

炫耀性消费·137

为悦己者容·140

财富为何无法带来快乐·145

选择正确的池塘·150

金光闪闪的文化·153

柠檬精和高罂粟·155

国家的财富·162

第 6 章
我即我之所有

延伸的自我·169

商品拜物主义·176

"怪异的"人们·181

自私的我·188

损失的心理预期·193

输不起的人·196

第 7 章
放手

一鸟在手 · 202
追求的快感 · 208
无法放手 · 212
心之所在即为家 · 216
动摇的地基 · 221
所有权让我们更快乐吗 · 224

尾声
冲向终点 · 227

致谢 · 237
参考文献 · 239

引 言

如果把地球从始至今的存在历程比作时钟走过的 24 小时，那么我们这个物种，即大约 30 万年前进化出的智人，在距离午夜零点只剩 5 秒左右时才出现。在宇宙漫长的历史中，我们每个人的生命都只不过是一个极短暂的瞬间，甚至你的存在都是一个奇迹。如果你想想其他无数从未相遇的卵子和精子，以及所有那些原本可能存在却没有来到这个世界的生命，就会明白我们中任何一个人出生的可能性都小得几乎为零。如果你正在阅读这本书，那么你就很可能已经获得了许多人无法企及的人生机会，因为并不是所有人都有机会接受教育和阅读书籍。即使是在如此短暂的时间里，我们的存在其实已经非常幸运了。然而，这么宝贵的人生，我们通常会如何度过呢？对于大多数人来说，大部分的时间都在不懈地追求所有权，以及捍卫属于自己的东西，防止被其他人夺走。

我们的存在本身是如此幸运，然而，我们当中许多人即使生活在富足的社会，仍致力于尽可能多地积攒物质财富，并且深信这就是自己的人生意义。然而，当我们已经实现了基本的需求，并且相对舒适，获得更多的物质财富却难以让自己感到满足；人类有一种永不满足的欲望，总是想要拥有更多。仅仅生存在这个物理的宇宙中并不能满足人类的欲望，更确切地说，我们感到了一种冲动，希望占有的越多越好，因为我们相信，我们拥有的越多，我们就越好。我们的肉体是由遥远的宇宙大爆炸产生的星尘微粒构成的，它让我们拥有短暂的一生，然后我们却把大部分的时间用来索取对宇宙某些部分的主权！这不仅是在舍本逐末，而且根本毫无意义。

人活一世，为财产而奋斗，为之守护，对之觊觎，把生活的目标归结为一切我们可以拥有的东西，结果我们总会死亡，归为尘土，这些如此努力得到的财富下落如何，却永远不得而知。我们就像用一生的时间在沙滩上建造带有塔楼和护城河的沙堡，以抵御入侵者，结果它们最终被时间的浪潮冲走。我们并非无知，我们知道人终有一死，钱财乃身外之物，但追求财富是一种让我们不顾一切的本能，成为我们中许多人的人生目标。

我们由我们拥有的东西所定义，所有权的心理力量如此强大，以至人们即使冒着生命危险也要守护自己的财产。对终将死亡的命运心知肚明，这本应警醒人们，对所有权的无尽追求最终是徒劳的。然而，在1859年，450人乘坐"皇家宪章号"从澳大利亚的金矿区返回英国的利物浦，途经威尔士北海岸时遭遇海难，溺水身亡。许多人不愿在离家如此近的地方舍弃黄金，最终却被重重的黄金拖下了水。在人类历史和神话故事中随处可见许多贪婪而愚蠢的故事，从传说中的迈达斯国王拥有点石成金的本领却无法享用他的财富，[①]到现代金融机构和全球经济不断博弈，致使社会反复出现时而繁荣、时而萧条的经济周期，普通人的生活被搅得支离破碎。看来不是只有赌徒才沉迷于财富积累，大多数人都是如此。

我们的生活总是受到我们所积累的物质财富的控制，每一代人都会抛弃祖辈留给我们的大部分东西，开始获取属于我们自己的新东西。仅仅拥有尚且不够，确切地说，我们还想追求更多的东西，因为在这个过程中，我们是在满足自己获取的强烈欲望。个人财产与个体密切相关，每个人都想通过自己拥有的东西在宇宙中划分出属于自己的"一亩三分地"。20年前，我和妻子金继承了她父母的遗产，金的父母在很年轻的时候就不幸去世了。这些财产都是他们一直珍惜使用的日常用品，我们至今仍然在用其中的一些，但把大多数都搁置在阁楼里。我们本应处理掉这些物

[①] 出自《古希腊神话故事》，贪婪的迈达斯向酒神求得点石成金的法术，但是他摸过的食物也变成金子而无法食用，后来因为过度饥饿，他又求酒神收回了法术。——译者注

品，但我妻子下不了这个决心，因为处理掉这些物品就意味着抹除了最后一丝关于她父母的有形痕迹。

我们所有人都会通过自己拥有的东西留下自己存在过的痕迹。收藏品和古董的吸引力很大程度上在于它们与过去的联系。我喜欢参观拍卖行和二手店，看着填满人们生活的各种财产物品，我时常深感惊叹，那里所有的物品都曾经属于某个人，这个人也许也曾把它视为最值得拥有的物品。这些物品的主人可能通过辛苦奋斗才得到它，为拥有它曾心满意足，或者甚至赔上性命只为获得它。它也许是一枚英勇勋章，一系列玩具车收藏品，或是一面银背镜——所有这些物品都可能对其主人有着特殊的意义。如果你知道你所珍爱的私人物品最终会被丢弃或被卖给一个完全不相识的人，你会作何感想？并不是每个人都会为此烦恼，一些人显然比其他人更痴迷于物质主义，但所有权揭示出了一些深刻的道理，这关乎人类物种究竟被什么所激励。"motivate"（激励）这个词用在这里很贴切，因为它在英文中源于"emotion"（情感）一词。① 为什么我们会有拥有的需求？为什么所有权会让人产生这样强烈的情感？

富人比穷人拥有更多的财富，可以购买更多的东西，但财富代表的不仅仅是经济地位。准确地说，我们与许多我们拥有或渴

---

① motivate 和 emotion 这两个词都源于拉丁语 movere，意为挪动。——译者注

望拥有的东西之间有一种情感联系。我们以为幸福来自得到我们想要的,但我们想要的往往不能让我们幸福。哈佛大学心理学家丹尼尔·吉尔伯特称之为"谬望"(Miswanting),这是人类的一种通病。[1] 我们只是不太擅长预测获得物质能给我们带来多少快乐和满足,对于所有权来说尤其如此。事实上,许多商业广告之所以奏效,就是通过给我们洗脑,让我们以为拥有特定产品就能让我们更快乐。

举一个让很多西方人骄傲和快乐的例子,那就是拥有人生中的第一辆汽车。许多人会为之努力,引以为傲,并将在必要时全力以赴捍卫它。这辆汽车甚至成为他们身份的一部分。每年都有车主为了确保车辆不被盗而严重受伤甚至死亡,即便这些车是租来的或者上过保险,会有盗抢赔偿。这并非仅仅是钱的问题,而是关乎所有权的问题。当有人威胁要抢走我们的东西时,我们会做出不合理的行为,好像这威胁是针对我们个人的一样,这可能会导致我们和财产之间产生某种危险的关系。据称,有车主为了保住自己的汽车不被盗走,甚至会做出徒劳的努力,比如站在加速行驶的车前,[2] 或紧紧抓住被盗汽车的前车盖。[3] 然而,当有时间冷静地思考时,很少有理性的人会为了一辆汽车的价值而搭上自己的性命。但与此同时,当我们看到邻居买了辆新车,就停在车库前的车道上,我们很容易对自己的汽车感到不满,迫于压力要换辆更高级的车。所有权加剧了竞争。在这个不断攀比、总想胜人一筹的竞赛中，我们不可能共赢，因为总有人领先，也一定会有人落后。

此外，所有权也会带来长期后果。我们中的很多人会购买和消费超出自己所需的物品，我们知道这是对后代不负责任的行为，却明知故犯。我们正在消耗有限的资源、能源，并不断增加碳排放，进而导致气候变化。地球上大量的人口及人口活动导致了全球变暖，而我们的消费模式是造成这一现象最关键的因素。[4]就每个个体而言，谁都不觉得自己有责任。与其他70亿人相比，我们都辩解自己的行为微不足道，并提出质疑：为什么别人可以肆意消费，而我们就必须克制自己的行为？即使我们每个人都愿意为自己的孩子随时赴死，但所有权是一种能如此激励人的动力，以至我们不会轻易为下一代改变我们肆意挥霍的消费主义观念。

世界观察研究所每年都会发布一份关于人类行为的《世界状况》报告，其2011年的报告显示：

> 在过去几十年中，无论以任何标准衡量——家庭开支、消费者数量、原料提取，工业国家的商品和服务消费一直在稳步增长，而且在许多发展中国家也迅速增长……如果最富裕国家的消费愿望都无法得到满足，那么在地球因被消费主义掠夺而恶化到面目全非之前，成功地将消费遏制住的前景将是黯淡的。[5]

这份报告后面还提到，针对每一类消费，提供的证据都是压倒性的，但其中有一个简单的数值计算值得引起注意。目前，地球上人均拥有 1.9 公顷的生物生产用地，用于供应资源和吸收废物，但地球上的人均已使用土地面积已高达 2.3 公顷。这些"生态足迹"的范围从美国人平均使用的 9.7 公顷到莫桑比克人平均使用的 0.47 公顷不等。世界人口预期将会以每年增加 8 300 万人的速度持续增长，这个局面只会进一步恶化。我们又怎样才能解决这种日益严重的不平等呢？

如果所有权激发了富人和穷人之间的不平等，那么即使是最狂热的资本家也能看到事情已然失控。世界上不到 1% 的人口拥有世界一半以上的财富，这点燃了动荡、叛乱、起义、革命和战争的火焰。中国和印度的总人口超过 27.5 亿，其中多数人都很贫穷。发达国家怎么能够心安理得地打压其他国家，防止它们达到同样的繁荣，以此来捍卫自身财富特权地位呢？冲突往往会引发战争，引发战争的原因有很多，但所有权冲突是其共性。欧洲的难民危机引发了欧洲民众的仇外心理和对失去所有权的恐惧，并相应地转向右翼保护主义。政治话语里充斥着所有权和控制权，无论是特朗普修建隔离墙来阻止非法移民进入美国，还是英国退出欧盟以阻止移民劳工和难民的涌入。

为什么当下我们需要阅读这本书？为什么我们要为所有权是冲突的根源这件事而感到担忧？争夺资源并不是什么新鲜事，而且数据告诉我们，当今人们的生活实际上比过去要好得多。事实上，在衡量人类幸福的所有关键指标上，现在的生活都比几百年前好得多，但我们中的大多数人都认为，世界就像被困在一辆手推车里正往地狱而去，这一现象被称为衰落主义，即相信过去比现在好得多。

过去几年的各种民意调查显示，大多数富裕国家的公民都极其坚信世界正在变得更糟，但值得注意的是，正在经历经济增长的发展中国家的公民并不认同这种悲观的态度。[6]与之前一样，衰落主义这种扭曲的观点再次被右翼政客所利用，他们为民族主义和保护主义煽风点火。衰落主义的由来有很多，从人类认知中的各种偏差（包括对过去的美化和倾向于更关注未来的危险，尤其是当你已经拥有财富的时候）到那个众所周知的谚语"坏消息才是好新闻"。衰落主义解释了为什么当你对未来抱有不合理的恐惧时，极端的行动和政客似乎必然出现。

与这堵悲观之墙形成对比的是，心理学家史蒂芬·平克极度乐观，他认为末日论者正在煽动毫无根据的恐慌。[7]从暴力、健康和财富等各种衡量进步的标准来看，世界正在变得更好——即使这些都是以增加自然资源的消耗为代价而实现的。我们当中越来越多的人预期将来会有更健康、更富裕的生活，这意味着生活正在往好的方向发展，但这种情况又能持续多久呢？这种肆无忌惮的消费主义造成的环境破坏怎么办？平克认为，这不用担心。

历史告诉我们，一旦我们接近一个危机点，人类就会拥有克服逆境的创造力和智慧，并将始终拥有应对环境挑战的能力。我希望他是对的，但更谨慎的做法是，在当下就应尝试改正我们已知的正在导致环境问题的行为，而不是相信未来我们会有解决方案。

气候变化就是我们已经面临的确凿无疑的危机，而且不会很容易或很快地就得以解决。对此，专家们普遍认为，未来情况将发生重大变化，可能变得对地球上的生命更加不利。然而，在这个问题上，极端悲观主义和极端乐观主义都是同样危险的。悲观主义的问题在于，它会让人产生一种"这有什么意义"的宿命论，认为试图改变是徒劳的，从而不做任何寻求解决方案的努力。而寄希望于未来科学和技术能够解决所有问题的盲目乐观主义同样是不负责任的，因为它忽视了解决和改变当前行为的迫切需要。

毫无疑问，未来科学和技术将会克服当前世界人口不断增长的过度消费所产生的许多问题，但通过加强教育，我们可以改变自身的行为方式来避免生态灾难。人们越富有，受教育程度越高，就越关心环境问题。例如，2018年BBC（英国广播公司）《蓝色星球2》纪录片中播出了海洋生物因海洋中的废弃塑料而窒息的画面令人惊愕，自此以来，在英国和多个其他国家已经开展了一系列备受瞩目的环保运动，来呼吁减少塑料包装和废物的数量，这些塑料制品是一次性消费经济的后遗症。虽然这样的努力似乎只是沧海一粟，但塑料吸管几乎已经完全从英国的酒吧和餐馆消失了。这可能只是人类改变的一个小小动作，但这个动作足以表明人们和企业在面对一个负面新闻时会迅速做出反应。星星之火，可以燎原。正如我们将在后面几章中探讨的那样，就像环保方面长期的责任缺失可能会产生问题一样，如果每个人都表示关切，解决方案也可能会出现。受教育程度高、身体健康、富有的人们出于对衰落的担忧而发起了争取更好未来的运动，这正是因为人们不那么乐观地认为事情会自行好转或技术进步会提供解决方案。因此，生产商正在通过投资替代品做出回应，因为这是消费者所需要的。2019年1月，世界上最大的化学品制造商之一陶氏公司宣布，将投入10亿美元，建立并领导一个全球企业联盟，以消除塑料废弃物，下一步的目标是再投资15亿美元。

随着世界人口的增长，我们可以预见，为了改善生活质量，人们会产生更大的能源需求，但为了获得所有权而伴随的消费主义是人类的先天桎梏，而我们应该放弃它，因为它本就是不必要的。就像过去30年里，西方对毛皮和象牙的需求被相关的自然资源保护主义者抑制一样，人类可以改变自己的消费行为。为此，还有什么办法好过揭开所有权的秘密，来揭示究竟是什么在激励我们去获取那些我们并不真正需要的东西呢？

本书是第一本探索所有权心理如何塑造我们这个物种并一直控制我们至今的书。"拥有"在我们的日常语言中是如此常用，以至我们几乎没有注意到它,但它是人类心智中最强大的概念之一。所有权与人类行为深度交织在一起——我们做什么,我们去哪里,我们如何描述自己和他人,我们帮助谁,我们惩罚谁。文明的结构建立在所有权的概念上,没有所有权,我们的社会就会崩塌。这种对所有权的依赖是如何产生的?我们每个人如何学会获得或运用所有权的力量?为什么我们被驱使着去获取越来越多的东西?所有权如何塑造我们"自己"的身份?当你开始提出这些问题时,所有权这个我们都习以为常的概念开始显得无比陌生。所有权不再仅仅是一种法律状态、经济地位、政治武器或划分财产的便捷手段,而是一种对于人之所以为人,以及我们如何看待自己的定义性特征之一。

我们一无所有地来到这个世上,又不带一物地离开世界,但在来去之间,在人生舞台上的短暂时刻,我们为拥有的事物或骄傲、或烦恼,仿佛我们的存在是由我们能拥有的东西而定义的。对我们中的许多人来说,我们的生活被这种无尽的追求所控制,即使我们这样做会给自己、后代,乃至地球的未来带来风险。如果我们想要改变,那么我们就需要了解所有权是什么,源自哪里,它产生的动机,以及如何在没有它的情况下同样活得快乐。

我们认为拥有东西会带给我们幸福,但其实正相反,它往往会导致更多的痛苦。很少有人能在回首自己专注于财富积累的一生时诚实地总结道："这是一段值得经历的人生。"我们陷入了追逐的陷阱，以至我们很少真正领会到这个过程中的获得或代价，无论是对个体、人类或地球而言。当你仔细想想我们在追求物质财富过程中的所有努力、竞争、失望、不公平，以及最重要的，造成的所有伤害，你会发现，不断地努力获取其实是在浪费生命。然而，我们似乎停不下来。我们像着了魔一样——但如果理解了为什么我们渴望拥有，我们就有望驱除这个恶魔。

第1章　我们真的拥有什么吗

谁捡到就归谁

香农·惠斯南渴望出名。他梦想成为一个大人物。他曾经梦想着拥有自己的电视节目并成为名人，而在一场离奇的所有权纠纷之后，他真的做到了。

2007年，香农在美国北卡罗来纳州卡托巴县梅登镇的一个拍卖会上买了一个烤肉架。在这个拍卖会上，一家仓储公司正在合法出售已拖欠租金的业主在其租赁库房里留下的物品。香农是一位当地的商人，他花了几美元买了那个烤架，但很快就发现，他买到的东西比他预想的要多。打开烤架后，他看到了一个可怕的东西——一个人的左脚。这是谁的脚？是一起重大抢劫案或某起尚未报案的谋杀案的遗骸？卡托巴县警方接到了911电话报案，然后没收了这只脚，并开始调查。很快，大家都在议论那只脚。香农觉得他可以从人们病态的好奇心中赚钱，就给警方打电话要求拿回那只脚。与此同时,警方已发现,这只脚并非某个死者的脚,而是一个名叫约翰·伍德的人的,他还好好地活着,目前住在南卡罗来纳州。

三年前,约翰遭遇了一次飞机失事,他父亲在事故中不幸去世,约翰虽然活了下来,却受了重伤,不得不截掉一只脚。约翰想留存他截下的那只脚来纪念他的父亲,因此向医院提出了这个要求,院方竟然同意了。这个举动很不寻常,但考虑到当时约翰有严重的酗酒和吸毒问题,倒也还可以理解。后来,约翰失去了住所,只好在搬到南卡罗来纳州之前,把自己的东西,包括他的脚和烤架,都存放在一个租赁的库房里。当他的母亲拒绝支付仓库租金时,那些物品就被拍卖掉了。这就是为什么约翰的脚成了香农·惠斯南的所有物。

当约翰·伍德前来索回自己的脚时,香农却坚持说他才是这只脚的合法主人。在梅登镇的一个停车场,两人相见了,香农试图与约翰达成协议以共同拥有这只脚。最终,这场纠纷在法庭上才得以解决,法院裁定,这只脚应该归还给约翰,但香农有权得到 5 000 美元的赔偿,因为他对这只脚拥有合法的所有权。

2015 年的纪录片《捡到归我》播出了这个故事,其引人入胜之处在于,它挑战了我们对所有权的默认假设。[1] 还有什么会比对自己的身体拥有无可争议的所有权更显而易见的呢?如果有人声称对其他人的身体部位拥有所有权,我们会感到震惊。对大多数人来说，即使只是触摸其他人的身体都不能接受，更不用说声称对其他人的身体拥有所有权了。这是一件连学龄前儿童都明白的事情；4岁的孩子都知道，你需要得到许可才能去触摸其他人的手或脚。[2] 随着年龄的增长，我们逐渐认识到个人所有权就意味着一个人有权随心所欲地对待自己的身体：作为独立的成年人，文身、穿孔、修饰或允许其他人触摸自己的身体，都是人们行使所有权的简单方式。

然而，与直觉和常识相反，你未必拥有你的身体。如果你真的拥有，那你就应该完全有权随心所欲地想对你的身体做什么就做什么，但这取决于你住在哪里。文身就是一个例子。在许多国家，文身是非法的，也是受限制的。20世纪90年代，当我还是哈佛大学的教授时，文身在马萨诸塞州仍然是非法的，并被视为"对人身的犯罪"。直到2000年法律最终被修改前，如果你要文身，你就得去罗得岛。在许多国家，当涉及买卖你的身体，甚至只是身体的一部分时，法律都是不允许的。例如，目前在美国和英国，出售自己的肾脏是违法的，但在澳大利亚和新加坡这样做却完全合法，在这些国家，活体器官捐献者可以从出售自己的器官中获利。[3]

对我们身体最极端的个人行为是自杀。尽管基本上不属于刑事案件，但在许多国家自杀仍然是非法的。在英国，辅助自杀和安乐死是违法的，即使患者身患绝症且深受病痛折磨。在古罗马，自杀在公民中可以被接受，甚至被认为是一种高尚的行为，但对奴隶和士兵来说则是非法的，因为这些人被视为奴隶主和国家的财产，所以自杀被视为盗窃。具有讽刺意味的是，因为盗窃是一种重罪，这些人自杀未遂的话，原则上会被判处死刑。

在许多司法体系中，破坏财产仍然是现代所有权定义的一部分。它起源于罗马法中的"处分权"，即毁坏财产或按自己的意愿处理财产的权利，一直包含在英美法律体系中。伊利诺伊州法学教授约瑟夫·萨克斯在其著作《与伦勃朗玩飞镖》(*Playing Darts with a Rembrandt*)[4]中指出，如果一位艺术收藏家想用他收藏的伦勃朗创作的肖像画当飞镖盘，基于处分权所赋予的权利，任何人都无权阻止他。法律背后的逻辑是，如果毁坏被认为是最极端的合法行为，那么有权毁掉其财产的所有者也必然有权对其财产享有所有其他权利。

我们大多数人都不会故意毁坏一幅杰作，但也有一些例外，比如洛克菲勒家族在1932年委托墨西哥著名艺术家迭戈·里维拉在他们曼哈顿办公大楼内绘制了一幅壁画，但由于他们不喜欢这幅壁画所表达的政治信息，就把它凿掉了。再就是塔利班组织，在2001年炸毁了阿富汗的两座巨大的佛像，这种恣意破坏文明的行为震惊了全世界。这些宏伟的雕像可以追溯到6世纪，是在悬崖的坚硬岩石上凿刻而成，是被公认的世界遗产。塔利班为其破坏行为辩护，说是为了消除偶像崇拜，但作为该国的统治者，塔利班也在宣示所有权，即其有权随心所欲地处置所拥有的财产。

即使在死后，尸体所有权的问题也会存在争议。BBC 知名主持人阿利斯泰尔·库克因节目《美国来信》(Letter from America)而闻名，他去世后，他的女儿决定从她在电话黄页上挑选的一家廉价殡仪馆为他火化。当她收到装有父亲骨灰的纸箱子时，她以为这些就是她父亲遗骸的全部。她所不知道的是，父亲的部分遗体已经被一个毫无良知的生物医用组织销售公司夺走，该公司从殡仪馆买走了这位知名主持人的腿骨。这些腿骨在人体组织市场价值 7 000 美元。在这个市场上，死者的遗体不归任何人所有，但公司可以通过"处理"遗体来回收人体组织，从而赚取高达 10 万美元的收益，这些人体组织最终将进入各种地方。就生物医学程序而言，这是完全合法和必要的。在美国，每年收集的遗体部位的价值超过 10 亿美元，但死者家属却得不到分文。[5]

我们可能对这些肆无忌惮破坏和明目张胆盗窃的案件感到震惊，但我们的直觉往往与法律不符。最近的一项研究从法律档案中选取了 10 个真实的"谁捡到就归谁"案例，然后用它们去进行思维实验，以了解公众将如何做出裁决。[6]每个案例中，都是有人在他人房产中发现了某物，但是，人们并非默认谁找到就归谁，而是会使用各种各样的标准来做出各自的判断，且这些判断往往与法院的实际裁决相左。一些人认为，只要土地所有者不知道某件物品的存在，那么捡到者即有权拥有它；而另一些人认为，土地所有者拥有其土地上的每一件物品，即使他们并不知道物品的存在。另外，寻到的物品是在公共空间还是在私人空间，是在地下还是地上，以及物品最初是否丢失或放置不当，它们之间的差异引发了人们对所有权的不同态度。很显然，一旦谈及所有权，人们的意见各不相同。

何为财产

这个问题貌似简单，但要给财产下个准确的定义却可能很棘手。最早关于财产的明确法规可以追溯到大约4 000年前，已知的第一部成文法典，其中除了其他律法内容，也包含了关于遗失和被盗财产的规定。柏拉图和亚里士多德开始了一场关于如何最好地规范所有权和占有物的哲学辩论。他们的讨论持续到罗马法、中世纪法律的诞生，也体现在托马斯·霍布斯等启蒙思想家的思考中。霍布斯认为，如果没有国家干预来规范财产所有权，激烈的纷争会很普遍，也就不可能有安详和谐的生活。[7]

几乎后世的每一本现代法律教科书，都是以"何为财产"开篇，却从未真正回答这个问题。事实上，这个问题无法回答，因为财产的含义不断变化。英国哲学家约翰·洛克在他1698年的著作中提出了他对财产的界定，他认为正如我们拥有自己的身体，我们也拥有我们通过劳动创造、塑造或生产的财产："一个人去除物品的原始自然状态，加入了自己的劳动，把它打上了自己的印记，于是便把它变为己有。"[8] 换言之，我们可以凭借对物品的各种投入，无论是通过劳动的方式，还是通过花钱购买从而赋予价值的方式，来确立对财产的所有权。因为财富来源于我们的劳动成果，所以购买只是创造物品的另一种形式。但是这种直接的交易需要双方就"什么是财产"以及"什么可以被拥有"达成共识。像斯堪的纳维亚萨米人这样的游牧民族认为，你只能拥有你有能力携带的东西；而北美原住民则认为，你唯一能拥有的只是你的灵魂，因为它是唯一可以带到来世的东西。

这些对财产的不同文化理解产生了一些奇怪的交易。1626年，荷兰探险家彼得·米纽伊特用价值约24美元的货物从当时勒纳佩（Lenape）族的特拉华部落手中买下了曼哈顿岛。除了在给荷兰西印度公司的一封信中简短提到"他们以60荷兰盾的价格从蛮荒人手中购买了曼哈特岛"之外，各方没有签署任何销售协议。当时，曼哈顿（Manhattan 源于勒纳佩语 manna-hata，意即丘陵岛）是一片肥沃的农田，四周是水，是建立殖民地的理想之地。这可能看起来像是一笔好买卖，但勒纳佩人没有真正的交易概念，因此它永远不会是一笔公平的交易。用货物换取安全通行或占用土地是一种常见的做法，但当时的原住民并没有土地永久所有权的概念。会面结束离开时，双方可能对所发生的事情有着不同的理解。希瑟·克洛修-赫希是会讲斯金尼皮卡尼语的原住民后裔。他解释说："使用'财产'一词是不妥当的，因为从原则上讲，交易的对象不属于任何人。这些物品是'造物主给予的'，因此，不能被拥有或被视为财产。"[9]北美洲原住民不承认土地所有权的概念，这就是他们可能会对交出属于造物主的土地感到困惑的原因。没有人可以出售他们本不拥有的东西。事实上，是否真的发生了一场合法的交易都是令人质疑的。

各司法管辖区对所有权的规定也各不相同。例如，在纽约市拥有刺猬是违法的，但跨过哈德逊河到对岸邻近的新泽西州此举却并不违法。[10]在美国的一些州，即使你拥有某音乐会的门票，也不能以超过票面标明的价格出售该门票。医疗处方的转售也是违法的，即使是眼镜或隐形眼镜等无害物品，因为这与毒品交易归属同一类别。你从来不曾真正拥有你的电脑软件，而只是拥有使用权，这意味着你不能合法地出售这些电脑软件。当你跨越国境时，情况会变得更加复杂；有一个法律领域专门处理"法律冲突"，试图调和不同的法律体系。大多数国家认为其邻国的法律制度是不合理的。否则，我们早就拥有相同的国际所有权法了，而这目前并不存在。《世界人权宣言》第17条规定了与财产相关的权益，但一直没有关于何为财产或如何处置财产的世界通用的法条。

随着时间的推移，人们可以拥有的东西也发生了变化。举个例子，拥有一个人在当今看来是可鄙的。但就在不久之前，在许多国家，人们还可以合法地拥有奴隶。战争带来的好处不仅是控制土地和资源，还包括奴役那些能提供劳动价值的人。古代一些最伟大的奇观是由外国的奴隶建造的，比如吉萨大金字塔，役使10万名奴隶，历时30年才得以完成。

奴隶制引发的不仅仅是道德问题，而且也引发了所有权上的逻辑矛盾。例如，洛克提出的通过劳动获取财产的概念被载入美国宪法，从而激励拓荒者凭借自身的努力去改造土地。为了开垦土地建立新的国家，这些拓荒者被赋予了通过劳动合法获得土地所有权的权利。当地原住民被迫迁出他们的领土，迁入保留地，以便祖传下来的土地可以交给拓荒者去开发。这通常发生在混乱的土地掠夺或土地管控时期。1893年9月16日中午发生了难以置信的一幕，10万名拓荒者带着他们的马和马车，冲向俄克拉何马州前切罗基人（Cherokee）的600万英亩[①]牧场，抢占最佳地点，用木桩（将木桩打入地面）确立自己的地盘。这一切都是完全合法的，因为切罗基人因失去其祖传土地已得到了微薄补偿。

然而，在奴隶问题上，这个新国家面临着宪法和洛克财产观之间的主要矛盾。洛克认为，如果奴隶们在这块土地上工作，那么他们应该成为土地的主人。尽管"人人生而平等"，但根据1776年颁布的《独立宣言》，奴隶被视为可以买卖的财产。因此作为财产，他们不应该独立于他们的主人而拥有财产。

为了调和冲突，奴隶被认为没有自由意志。事实上，他们

[①] 1英亩≈0.004 047平方千米。——编者注

被认为缺乏独立思考的能力。在19世纪一个著名的测试案例中，黑人奴隶卢克因恶意破坏财产罪，在佛罗里达接受审判，因为他射杀了误入主人庄园的驴子。[11]起初，法庭判处卢克入狱，但上诉裁定他无罪，因为是他的主人命令他射杀这些动物。给卢克判罪就等于承认他有自由意志。具有讽刺意味的是，为了维护奴隶法典，法院裁定监禁卢克是错误的。奴隶被视为动产，因此，与动物一样，"没有自由意志来违背主人"。

除了将奴隶归类为没有自由意志的动物外，奴隶主还辩称，他们实际上并不拥有奴隶本身，只是拥有他们的劳动生产力而已。正如南方法学教授弗朗西斯·利伯在1857年写道："准确地讲……奴隶本身不是财产，而他们的劳动是财产。拥有财产包括财产所有者可对所拥有的东西进行自由处置……我们对奴隶没有这种权利，也从来没有要求过。"[12]换句话说，奴隶的任何行为都归其主人所有，但反过来，主人应对其奴隶的行为负责。与奴隶制有关的法律不是针对奴隶的（因为他们毕竟没有自由意志），而是针对负责其财产的奴隶主。与此相关的一个复杂的案例是，在1827年，一名奴隶发现了一小笔钱，但主人不知情，这笔钱之后又被别人偷走了，路易斯安那州判决，这属于主人的钱被盗。

时至今日，奴隶制在每个国家都被视为非法，但这并没有阻止人类从所有权交易中获利。全球化通过剥削其他国家的廉价劳动力在西方创造了可观的财富，但这也造成了最贫穷的人被迫只能靠更少的钱生存的境况。根据包括联合国国际劳工组织[13]和全球奴役指数[14]在内的多个机构的数据，目前全世界仍有4 000多万人被奴役。人们在西方国家享受的高质量生活，是建立在通过追求越来越便宜的产品而无意间导致他人苦难之上的。例如，我们消费的大部分茶叶和巧克力，其生产工人的境况也非常差。

与前几个世纪的奴隶贸易不同，现代廉价劳动力可以"自由"地离开他们的工作，但惩罚和极度贫困的威胁让劳动者别无选择，只能继续在血汗工厂工作，生产我们日常消费的东西。在世界各地的血汗工厂，据估计这些现代奴隶中约有1/4是儿童，每年为贩运者创造1 500亿美元的非法利润，他们大多数是女性。[15]所有这些都被视为可交易的财产。

你是我的

保罗：霍莉，我爱上你了。

霍莉：那又怎样？

保罗：怎样？意义太多了。我爱你。你属于我。

霍莉：不，人不属于他人。

保罗：当然可以。

霍莉：没有人可以囚禁我。

电影《蒂凡尼的早餐》，

导演布莱克·爱德华兹（1961）

几个世纪以来，除了奴隶和原住民之外，另一个主要被奴役的群体是妻子。直到19世纪，婚姻关系都是在行使所有权，因为妻子被认为归丈夫所有，这在英国普通法中被称为"庇护"。妻子受其丈夫的管辖（"庇护"），无权单独享有所有权。就法律而言，丈夫和妻子可以依法被视为一个人，即丈夫一人。

随着时间的推移，人们结婚的原因也已有所改变。与浪漫主义的西方观点相反，爱情和婚姻并不像马和马车一样绑定在一起，或者至少，爱情从来都不是婚姻的初衷。正如历史学家斯蒂芬妮·孔茨指出的那样，直到18世纪末，婚姻还被认为是一个非常重要的经济和政治问题，而非个人可以自由选择，更不用说是建立在爱情这样短暂又瞬息变幻的事物基础上。[16]事实上，为爱而结婚曾被认为是对社会秩序的严重威胁，因为它将婚姻关系置于父母、家庭和上帝的优先地位之上。

几个世纪以来，婚姻在市场、政府和社会保障体系中扮演了重要角色。它通过继承来控制财富的分配，从而在不确定的未来为大家庭的成员提供资源。在社会顶层，婚姻被用来建立政治、经济和军事联盟。尽管莎士比亚在他的戏剧中广泛地描写了爱情，但它却常常与家庭义务相冲突，这在他的浪漫悲剧《罗密欧与朱丽叶》中得以充分体现。仅仅为了爱情而结婚会被认为是愚蠢的，尤其是在相应的代价很高的时候。相反，婚姻的首要目的是保证财富的稳定和转移，而非结婚以后获得幸福。如果一切顺利的话，婚姻幸福只不过是额外的收获而已。

婚姻关联的代价越高，这对夫妇的亲属在确立婚姻过程中的发言权就越大。在许多文化中，如果丈夫先于妻子去世，妻子将被期望与丈夫家庭中的另一个男人结婚，以保持财产继承的连续性。此外，婚姻最初也有价格。可能最常见的形式是嫁妆制度，即新娘的家庭向新郎的家庭支付一笔钱款，从而让女儿与对方家庭的儿子成婚。

在西方，嫁妆制度在几个世纪前就被废除了，但在支付婚礼费用方面，这仍然是一种习俗。当我结婚时，我天真地以为我的岳父岳母资助了婚礼是因为当时我还是一名刚毕业的穷学生，以及他们想通过举办一场盛大的宴会在朋友和熟人面前炫耀一番。事实上，他们的慷慨大方也是旧嫁妆制度的遗风。至今，许多人仍然坚持由新娘的家人主持婚礼并支付婚礼费用的传统。

为什么家庭要支付嫁妆费用来把他们的女儿嫁出去？原因很简单，在大多数社会中，男女要被视为成年人，婚姻都是必不可少的一步。在中世纪，当一个英国男人已经取得一定程度的经济独立时，他就会结婚，建立家庭。这就是"丈夫"（husband）[①]这个词的由来。在结婚之前，他是一个没有物质基础的人。

女人需要结婚才能被社会认同。一名未婚的女人会被质疑，

---

① 英语单词 husband 源自北欧语 husbondi，其中 hus 表示 house，bondi 表示房主，所以 husband 的原意就是"一家之主"。——译者注

并通常被排斥。具有讽刺意味的是，在婚姻中，女人失去了她对于财产的所有权，甚至在法庭上都没有为自己辩护的权利。她为婚姻带来的任何财产都在其丈夫的掌控之下，家庭日常管理之外的任何重大决定都需要得到丈夫的许可。直到19世纪末，随着1870—1893年《已婚女性财产法》在英国的逐步实施，这种情况才发生了较大改观。直到20世纪60年代，女性受其丈夫婚内"庇护"的某些制度在美国一些州仍然存在，而在英国，直到1980年已婚妇女才能以自己的名义申请抵押贷款。英国第一位女首相玛格丽特·撒切尔即使在1979年上台执政时，她也无权申请抵押贷款。现今，仍然有许多国家歧视妇女。根据2016年世界银行发布的一份报告，全世界有30个国家仍然指定男性为户主，19个国家中的女性在法律上有义务服从丈夫。[17]

婚姻是实现共享资源以确保家庭长期繁荣的一种重要方式。丈夫对自己的财产负责，包括他的妻子、孩子和仆人，他可以在法庭上代表他们做决定。丈夫被期望像主人一样掌控他的家人。"wedlock"（婚姻）一词表达了这种承诺所有权的概念。直到18和19世纪，随着西方文化中浪漫主义运动的兴起，爱情才真正成为婚姻的考量因素之一，并被认为是当今成功婚姻的先决条件。

尽管大多数现代西方人对包办婚姻的观念感到震惊，但我们不应忘记，持这种观点的人依然只是少数；今天，大多数国家仍然实行着某种形式的包办婚姻。与西方的偏见相反，包办婚姻并不一定意味着强迫婚姻，不意味着潜在的伴侣在最终决定中没有发言权。其实大多数时候，包办婚姻是基于代表婚姻双方的大量调研、牵线和介绍，最终在男女双方同意下才完成的。

即使我们认为西方社会已经放弃了包办婚姻，但稍微考虑一下让人们走到一起的社会经济环境就会发现，家庭在婚姻中仍然扮演着重要角色。家庭以多种多样的方式，为孩子的中小学教育、上大学、邻里生活以及最终进入的职业买单，而所有这些方面都有助于婚姻的男女双方（或者其他的任何性别组合）最终走到一起。这可能让人觉得婚姻并没有人为的安排，但人们更可能与他们经常遇到的人结婚。[18]但在某种程度上，所有这些都在发生变化，因为数字通信使寻找和更换伴侣变得更加容易，在被称作"Tinderella"①的一代人中，约会APP（应用程序）的流行就是明证。

随着社会发展，情况也一直在发生变化。婚姻不是必需的，有些传统社会甚至没有这样的制度。世界上还有多个妻子（一夫多妻制）、多个丈夫（一妻多夫制）的各种组合，以及最近出现的在婚外维系多个情人（多重恋爱）的趋势。在西方，有很多原因导致这些不同类型的同居关系，但一个重要因素是国家福利的

---

① Tinderella 为来自 Cinderella（灰姑娘）和 Tinder（美国某约会 APP）的合成词。　译者注

兴起，福利为个人提供了经济支持，降低了通过婚姻生活获得经济支持的必要性。不久前，非婚生子女还比较少见，且这种行为被认为是可耻的，而如今，英国一半的孩子是非婚生的。婚姻数量的下降导致单亲家庭数量的增加，与20世纪60年代相比，如今西方国家的婚姻数量减少了一半。现在，大约有一半的婚姻以离婚告终。在欧洲，如今的离婚率已经比当年翻了一番。[19]

离婚牵扯到许多财产和所有权的问题，但离婚律师是近现代才出现的职业。在过去，离婚是如此困难和复杂，以致十分罕见。[20]此外，丈夫会从离婚中获得一切。在1857年离婚法得以颁布之前，英国历史上的离婚数仅为324对，而且这些离婚案中只有4桩是由妻子发起的。相比之下，仅2016年一年，英国就有10.7万对夫妻离婚，这也意味着，每10桩婚姻中就有4桩离婚。相比之下，在印度，虽然包办婚姻制度占主导地位，但离婚率只有1/100。然而，随着印度经济的增长，为个人提供了更多的社会支持，这种向西方价值观的转变是否会威胁传统婚姻，还有待观察。

离婚不仅是许多痛苦的根源，也是所有权不平等的根源。对女方来说，离婚是一个沉重的负担，因为女方更有可能因离婚在经济上变得更糟糕。对离婚的大规模研究发现，离婚后的男性，尤其是父亲，大约在离婚后财富增长1/3。[21]无论女方是否有孩子，离婚女性的平均收入下降了1/5以上，而且会维持低收入多年。尽管所有权通常不会像过去那样让两个人因婚姻走到一起，但它确实在当今夫妻离婚中起着重要作用。

父母的财产

所有权也将家庭联系在一起。人们对家庭的义务有不同的看法，但在世界各地，孩子起初都是父母的责任。这是一种所有权形式，因为父母可以控制他们的孩子。然而，这种关系是双向的。我们属于家庭，家庭也属于我们。当父母因为孩子而丢脸蒙羞，不再希望孩子作为家庭的一部分时，父母就会与他们断绝关系；反之，如果子女不再想与家庭有任何关系，他们就会与家庭断绝关系。

从父母的角度来看，他们希望孩子能像财产一样，由他们独享所有权。父母很少会说拥有自己的孩子，但在2001年雷德芬关于英国奥尔德·海伊丑闻的报告里收集到的证词中，许多关于所有权的观点都被广泛认同。[22] 1988—1995年，未经死亡儿童父母的完全同意，医院从死亡儿童身上采集器官和组织样本，并将其存放在利物浦奥尔德·海伊儿童医院。正如我们已经说的那样，这不是非法的，因为尸体不存在所有权问题。在当时，保留人体组织用于研究目的也是病理学的常见做法。然而，当这种做法曝光时，家长们十分愤怒。在报告中，一位家长评论道："感觉像是在抢人的遗体。医院偷了我的东西。"另一个说："奥尔德·海伊医院把我的孩子身体的90%都偷走了。"

悲痛的父母要求归还遗体的要求是从所有权的角度来表达的：归还理应属于他们的东西，以及他们有决定孩子遗体将如何处置的权利。从他们的评论中可以清楚地看出，父母认为他们有权拥有孩子的身体部位，无论是整个切除下来的器官、组织切片或包裹在石蜡块中的组织片断。关于雷德芬报告最值得注意的一点是，几乎完全没有考虑死者所有权的法律地位；相反，它专注于通过制定规章制度防止这类事件再次发生，提出一系列建议来解决家长的担忧。

在照顾孩子的问题上，公众舆论和法律仍然存在分歧。对大多数父母来说，他们不能接受其他人，甚至国家，控制他们的孩子，即使这对孩子而言是最好的选择。2018年，奥尔德·海伊儿童医院再次受到公众的关注和严厉的批评。情况是这样的：阿尔菲·埃文斯是一名患有绝症的蹒跚学步的孩子，她的父母与医生就取消孩子生命支持的决定发生了争执。父母向高等法院、上诉法院、最高法院和欧洲人权法院提起诉讼，但没有成功。许多支持这对父母的抗议者认为，这是国家决定一个孩子是否存活的直接案例，或正如脱欧主义者奈杰尔·法拉奇在接受福克斯新闻采访时所抱怨的那样："我们的孩子现在归国家所有了吗？"[23] 然而，从法律上讲，大多数西方国家的父母并不拥有自己的孩子，自19世纪以来就没有。相反，父母是监护人，他们应该从孩子的最大利益出发来照顾孩子——这也是法院判决此类案件使用的标准。

一个鲜为人知的事实是，父母的所有权是双向的：如果父母生活需要依赖他人，那么在法律上成年子女就有义务照顾他们年迈的父母，尽管很少有贫困的父母要求执行美国和英国现存的"子女抚养法"。然而，这也可能会改变。美国的养老院已经开始代表体弱的父母起诉子女，以收回养老院支出的护理费用。2012年，宾夕法尼亚州一家养老院成功起诉一名儿子，要求支付其母亲的护理费用9.2万美元，类似案件的数量正在增加。[24] 随着战后"婴儿潮"一代步入老年，同时人们的寿命也在不断增长，国家对照顾老人准备不足，将寻求从孩子那里收回这些护理费用。

在许多文化中，父母可以把孩子送给别人，在某些情况下，甚至还可以卖掉孩子。在印度，尽管嫁妆制度已经在40年前被宣布为非法，但许多新郎的家庭仍然希望新娘的家人能出嫁妆钱，他们想要投资回报。因此，家中只有女孩会给贫困家庭带来经济灾难。嫁妆纠纷往往导致暴力冲突，有时，丈夫会折磨妻子以获取更多的钱，或者干脆杀害妻子，然后丈夫可以再婚以获得另一份嫁妆。这方面甚至有专门的官方统计数据，《印度刑法典》第304B条记录了因嫁妆而死亡的情况，在2012—2015年的三年间记录了2.4万多起此类事件。[25] 未被杀害的幸存者也往往在硫酸袭击中留下终身伤疤。（包办婚姻可能导致低离婚率，但依旧存在的印度传统嫁妆制度仍然是导致女性痛苦的根源。）

对父母所有权滥用的另一种卑鄙手段是贩卖儿童，特别是出卖女儿从事性交易，这种交易在世界上许多较贫穷的地区仍然很普遍，如泰国农村地区。在那里，父母依赖女儿在臭名昭著的曼谷妓院的工作以养家糊口是司空见惯的事。这当然不是一种体面的谋生方式，但遇到这种情况，贫困就凌驾于道德判断之上了。中介机构在农村四处搜寻，向贫困家庭提供"休闲或娱乐业"的就业机会，并向贫困家庭提供现金贷款，这些贷款必须偿还。

然而，在谴责这些家庭之前，我们不应忘记，19世纪欧洲的工业革命在很大程度上是由在恶劣条件下工作的童工支撑起来的。在困难时期，孩子是家庭收入的来源之一，读过查尔斯·狄更斯小说的人都熟知这一点。1646年，新英格兰甚至颁布了一项"熊孩子"法，允许父母在儿子不听话的情况下处决他们。[26]在现代社会护理系统出现之前，孩子是一项投资。他们被要求养活自己，并且当父母和（外）祖父母需要照顾和帮助时，通常是家庭中的女儿来照顾。只有在现代，在富裕的西方社会，我们才将支持家庭的负担从个人转移到国家的医疗和社会保障系统。而我们不应忘记的是，在全世界，这种社会保障只是例外，而非普适规则。这就是为什么在许多发展中国家，儿童被视为至关重要的资源，仍然被当作商品进行交易。

有些国家的出生率不断下降，被称为"人口定时炸弹"。在这些国家，父母对儿童的依赖可能会变得更加明显。随着人口老龄化，老年人越来越依赖年轻人来照顾他们。人口老龄化意味着政府成本增加、养老金短缺、社会保障基金减少、老年护理人员短缺、年轻劳动力短缺，最终导致经济增长放缓。这场衰退产生了一个螺旋式的衰退周期，随着经济的萎缩，人们生孩子会越来越少，从而导致问题进一步恶化。

对于人口不断减少且日益世俗化的社会来说，生育率的降低尤其令人担忧。与世俗社会相比，宗教社会的生育率是人口更替水平的2—3倍。[27] 这一差异解释了为什么"人口定时炸弹"对西方国家尤其不利，因为在西方国家，出生率下降、预期寿命延长和社会护理费用高昂是带来经济灾难的完美风暴。我们已经习惯了政府的社会支持，以致许多政治右翼人士认为国家已经偏航太远了，必须将照顾家庭成员的责任交还给家庭——人们要照顾好自己的家人。

政治所有权

作为麦克法兰家族的苏格兰后裔，我发现，我家族的座右铭是"我将捍卫它"。我不确定我的先祖们承诺要捍卫什么，但我希望他们捍卫的是他们确信属于自己的土地。在许多方面，目前席卷全球的政治动荡和冲突正以各种方式反映这种害怕损失的情绪。今天，许多人都强烈地感受到来自他人的威胁，他们争夺资源，接管自己的土地，努力控制自己的生活。举一个极端的例子，自杀性恐怖主义往往与他们的土地被非法侵占而感到被剥夺了权利相关。美国政治学家罗伯特·佩普分析了1980—2001年世界各地——从斯里兰卡到中东，发生的188起自杀式袭击事件，他得出结论，这些行动的主要目的是迫使外国政府撤出其所占领的土地，这些土地被恐怖分子视为自己的家园。[28]

近年在西方国家蔓延的政治动荡也是一场面对外来威胁的民族认同和所有权之争。英国脱欧的"夺回控制权"和特朗普的"美国优先"运动都是在面对外国攻击时公然表现的民族主义。竞选语言都是关于占有的：我的国家、我的工作、我的生活方式。

为什么我们现在看到美国的唐纳德·特朗普和意大利的马泰奥·萨尔维尼等民粹主义者的崛起？为什么我们没有预测到这股浪潮的到来？回顾过去，令人惊讶的是，人们对特朗普这样的人能赢得总统选举的怀疑程度如此之高。人们怎么能投票给这样一个人：仇外、厌女、极端分化、没有政治经验、缺乏诚信、支持关于竞争对手和媒体的偏执阴谋论、侮辱任何胆敢在推特上批评他的人？特朗普可能不像政治家，但他是一个自诩与民众打成一片的人。他与另一位著名民粹主义者意大利独裁者墨索里尼的相似之处不仅仅是身体层面上的，[29]他俩都代表着政治正向极端右翼的转变，许多西方民主国家也发生了类似的民粹主义运动。根据BBC2018年的一份报告，近年来，极端右翼政党在欧洲各地的选举中取得了重大进展。[30]值得注意的是，从所有权的角度来看待这些政治动荡，为这一现象提供了一个有趣的解释。

一个常见的假设是，特朗普上台是因为他的核心选民经历了经济危机。的确，特朗普最受支持的中西部"铁锈地带"的不平等加剧，因为该地区的传统产业受到技术创新和廉价外国进口商品的竞争的冲击。在过去几十年中，全球化日益推动了这些经济转变。具有讽刺意味的是，穷人投票给了一个来自社会最富有的1%群体的人，而这些富人都从全球化中获益，当地劳动者却因此受损。

从经济困境视角来看，这种不平等、日益严重的经济不安全感和弱势群体被社会剥夺的现实，激起了人们对政治体制不代表人民利益，或人民无法控制自身命运的怨恨。的确，特朗普的大部分选民来自这一社会阶层，但经济困境并不能单独解释为何民粹主义也在整个欧洲获得广泛支持。这也不能解释为什么年纪较长的人、男性民众、受教育程度较低的人和宗教人士普遍都支持民粹主义。

可以解释这些现象的是恐惧。大多数人不是独裁主义者，但他们很容易变成独裁主义者。一个原因是未来的不确定性，这使得人们更倾向于极右翼的服从和权威诉求。政治心理学家卡伦·施滕纳和社会心理学家乔纳森·海特从对当前政治环境的分析中得出结论，欧洲和美国1/3的成年人倾向于独裁主义，而37%的人是非独裁主义者，29%的人是中立者。[31] 然而，当感到自己受到威胁或意识到道德价值观正在被侵蚀时，我们就会不那么坦率开放，而是选择支持有权力的人。例如，在"9·11"恐怖袭击后，全美调查发现，支持威权主义政策的美国公民对公民自由的态度没有什么改变。相反，因恐怖袭击而产生的威胁感导致那些此前更为支持自由党派的人越来越多地支持更具侵略性和限制性的政策。[32]那些在政治问题上持中立态度的人，在受到惊吓时也很容易转向右翼。

这种对威胁的反应被认为是大多数曾是自由派的德国人支持纳粹崛起的主要原因之一，他们对一战后所面临的经济困难有强烈的不满。[33]出现这种反应的原因是人们无法从容应对不确定性。在对人类和非人类的广泛研究中，不确定性会带来心理和生理压力。这种不确定性触发了所谓的"战或逃"反应，这是一种因进化产生的反应，如果不能以这两种方式解决问题，我们就会产生慢性焦虑。在不确定情况下，我们会从那些提出的主张坚定有力的领导人身上找寻安慰，以弥补我们自身的弱点。这部分解释了特朗普这样的人为什么会得到支持。在这种政治气候下，"常犯错误但决不犹豫"被认为是一种美德。该假设得到了一项研究的支持，这项历时20年、涵盖69个国家14万选民的研究表明，那些经历了严重经济困难的人会投票给民粹主义候选人，除非这些人有着强烈的个人控制欲。[34]然而，经济学仍然无法解释为什么特朗普也得到了富有的白人男性的支持，因为对他们来说，经济困难并非主要问题。

政治学家罗纳德·英格尔哈特认为，除了经济不平等之外，我们还目睹了始于20世纪70年代后物质主义产生的反作用。[35]纵观人类历史，冲突和经济不确定性一直都存在，这导致了节俭和谨慎的行为。二战结束后，工业化国家，特别是美国，经历了持续的经济繁荣，直到20世纪70年代初开始衰退，这段时期通常被称为资本主义的黄金时代。当特朗普谈到"让美国再次伟大"时，他指的就是这段繁荣时期。在这一时期，主要劳动力是1925—1945年出生的人，他们被称为"沉默的一代"，因为亲身经历过战争年代的紧缩、战后的艰难，以及核末日威胁相关的不安全，他们要比他们的父母更为谨慎。

作为这一时期劳动力中的工薪阶层主力，"沉默的一代"通过投资和财务规划来追求物质财富和生活稳定。然而，随后的一代人并没有延续相同的价值观。到了20世纪60年代，"沉默的一代"的孩子们开始对其父母的价值观表现出叛逆。这些是代表反主流文化的青少年和20多岁的"婴儿潮"一代。他们中的许多人成为政治活动家，反抗权威、被控制或习俗。因此，代际关系发生了变化，从那些在多年的不确定性中生存的人，转变为那些在成长过程中获得自以为理所应当的安全感的人。这是一场后物质主义运动，它不那么物质主义，不那么墨守成规，不那么独裁，更世俗，更具性别多样性，而且比当权派更重视人权、平等和自我表达。20世纪60年代的这种反主流文化抨击当权派，但最终，在20世纪70年代，当世界经济衰退来临时，狂热的激进主义时期被相对冷静的时期所取代。然而，英格尔哈特认为，在这段明显不活跃的时期，一场"无声革命"正在老一辈中酝酿，他们将年轻一代的这些社会变革视为对他们尊崇的传统物质主义价值观的威胁。

在施滕纳和海特看来，对老一辈人而言，世事变化太快了，因为"西方自由民主派现在已经超出了许多人的承受能力"。[36]在这群人眼里，逐渐发生的变化如同道德沦丧。此外，正如我们在引言中所指出的那样，衰落主义——借由乐观的怀旧和对未来的恐惧而更看好过去的倾向，在老一辈人中也更为普遍。例如，舆观公司的市场研究报告称，在2012年的调查中，大多数英国公民认为，自1953年女王加冕以来，英国的情况变得更糟了，这一消极观点在60多岁的人中最为普遍。[37]然而，当民意调查者问起，普通人的生活质量是否有所改善时，绝大多数受访者都认同有改善。人们会客观地承认现在比过去有更好的医疗保健、更好的教育和更高的生活质量，但这并不能使他们对总体情况正在好转大加赞赏。在2016年的第二次民意调查中，当被问及世界是否正在变得更好时，只有11%的人认为未来会更好，而58%的人说世界正在变得更糟。[38]同样，参与者的年龄越大，其回答也越悲观。正如诙谐的专栏作家富兰克林·P. 亚当斯所指出的那样："一段不好的回忆，比其他任何事物都更容易让人产生往昔美好的感觉"。

一场无声的革命可以解释为什么社会中的老年人投票给民粹主义政客。英格尔哈特和他的同事皮帕·诺里斯在分析不断变化的政治形势时发现，经济困难学说无法解释他们从31个欧洲国家268个政党选民的人口统计数据中分析得到的所有数据。[39] 相反，有更一致的证据表明，其背后的原因是因后物质主义以及由此产生的不断变化的社会价值观的文化反弹：

> 我们认为，这些群体是那些最有可能感到他们与自己国家的主流价值观格格不入、被他们不认同的文化变革的进步潮流所抛弃的人。具有传统价值观的年长白人群体——他们在20世纪50年代和60年代在西方社会占多数，目睹了自己的优势和特权被削弱。20世纪70年代的无声革命似乎在今天引发了愤怒和怨恨的反革命社会反弹。[40]

如果民粹主义反映了对大企业、银行业、跨国公司、媒体、政府、知识精英、科学专家和特权富裕阶层的强烈愤恨，那么，具有讽刺意味的是，这份清单中的许多内容与支持后物质主义运动的反当权派的态度相一致。然而，当从所有权的角度考虑问题时，则更容易理解这些抱怨的相似之处。每一代人都觉得当代人在肆意挥霍他们最珍视的价值观，并想从当代人手中夺回控制权。

你可以拥有自己的想法吗

我们通常认为财产就是物质财产，然而我们对财产的理解却越来越反映出一种共识,即非物质的东西也可以被拥有。随着数字技术在过去20年中迅速应用于日常生活中,消费者越来越意识到创建和拥有形成原创想法(如歌曲、图像和故事)的信息是比较容易的。这些信息过去存储在物理介质上,如黑胶唱片、胶片和纸张,但现在它们是储存在计算机中的以0和1表示的二进制代码。过去,盗版者盗取的是实物,但现在仅仅下载或复制一个代码文件就可以盗取知识产权。

数百年来,知识产权一直受到法律保护,也常常引发纷争。最早的知识侵权案可以追溯到6世纪,一位爱尔兰的传教士圣科伦巴抄写了一段属于一位主教圣斐尼的宗教文本,被圣斐尼要求归还手抄本。圣斐尼请愿并得到了国王迪亚梅特的支持,国王裁定:"正如每头小牛都属于其母牛,每本书的副本都属于原书。"然而,圣科伦巴没有屈服,并认为没有人能够独占上帝的话语。在奥尼尔家族的支持下,这场纷争逐渐升级,引发了560年左右的Cúl Dreimhne之战(也被称为"书籍之战"),导致3 000人丧生。

如今,知识产权纠纷不再那么血腥,却更加普遍。2017年,美国专利商标局发布了347 642项专利,其中大部分是为了保护知识产权。我们不仅承认知识产权的合法所有权,而且鄙视那些剽窃他人思想的人。起诉通常可以得到经济补偿,但对许多索赔人来说,这也是一个尊严和原则的问题。历史上最伟大的科学发现之一——DNA的结构,就是一个例子。来自剑桥大学(沃森和克里克)、伦敦大学(富兰克林和威尔逊)和加州理工学院(鲍林)的科学家团队相互竞争,要成为第一个发现双螺旋的科学家。他们没有携手努力,而是以个人冲突和令人质疑的职业行为为代价争夺奖项。众所周知,即使不牵扯任何经济利益,科学家们对谁可以主张发现权也十分较真。对那些因他人的想法而获得荣誉的人的痛恨,说明剽窃真的是一种非常卑鄙的行为。

即使是6岁左右的孩子也能直观地理解知识产权的概念,因为他们往往不喜欢"抄袭者"。与抄袭者相比,小孩更喜欢自己创作画的人,他们更看重自己努力得出的原创思想。[41] 在一项研究中,一组6岁的儿童被要求对画作进行估价,这些画作要么是成人或儿童主题创作,要么是他们对其他作品的仿作,不管创作者是谁,小孩都偏爱那些原创画作。[42] 即使最终输出形式是非物质的,幼儿也有知识所有权的概念。当小孩被告知,史蒂文听到扎克谈论他正试图解决的一道数学题,并向扎克提供答案时,孩子们认为史蒂文才是解答这道题的人。如果蒂姆无意中听到史蒂文向扎克解释答案,而后把答案告诉班上其他同学,6岁的孩子会认为蒂姆抄袭了这个想法。同样,如果一个孩子想出了一个故事,那么另一个孩子改变这个故事的结局也是不被接受的。[43]

尽管人们从很小的时候就开始关注创意或想法的所有权,但实际上并不存在完全原创的想法。你可以尝试,但从逻辑上来讲,你做不到,因为所有的想法都是在别人的早期想法的基础上提出的。就像北美原住民的祖传土地一样，总是有人在你之前出现在那里。然而无论使用何种方法，知识产权律师必须证明，你声称拥有所有权的想法与任何已有的想法都完全不同，这实际上是一个主观的判断。而即使预先存在一个相似的想法，它也要被证明确实是更早出现才能被判定为原创版本。

虚构的想象也可以被视为财产。人们不仅在电子游戏上花费了约1 650亿美元，还有一些人准备花大量的钱购买虚拟财产。目前的记录是位于虚拟宇宙中一颗虚拟小行星上的虚拟财产"永生俱乐部"，2010年的售价为63.5万美元。在你质疑哪个正常人会为现实中不存在的东西花钱之前，要知道俱乐部的所有者乔恩·雅各布斯已从购买虚拟商品和虚拟服务的玩家那里年均赚取了20万美元。据《福布斯》杂志报道，雅各布斯早在2005年，就抵押了他现实中的房子，然后花费10万美元买下了这颗虚拟小行星。[44]

那我们的数字财产是什么呢？如果有人在街上给你拍照，他们拥有你的照片吗？就像售卖身体部位一样，这取决于你在哪里。在许多国家，在公共场所拍照被认为是可以接受的，而在其他国家，你需要获得被拍照者的许可或同意。你可以用眼睛看着别人，但你不能用照片来记录这段经历。

可能知识产权领域最令人惊讶（对许多人来说也是最令人担忧）的发展与个人数据的所有权有关。2014年，Facebook（脸谱网）因在70万毫不知情的用户身上进行实验而遭到谴责，该公司操纵新闻提要的内容，推送更快乐或更悲伤的故事。[45] 当积极的故事减少时，Facebook 用户产生的积极帖子就减少了，负面帖子就会增多；当负面故事减少时，就会出现相反的结果。尽管这种影响很小，但研究人员得出结论，考虑到 Facebook 的规模，这相当于每天数十万种情绪表达。

令人担忧的是，人们的选择往往会被他人暗中操纵和控制。2016 年，5 000 万 Facebook 用户的个人信息被数据分析公司剑桥分析窃取，目的是影响英国脱欧投票的结果，推动唐纳德·特朗普在美国掌权，或至少他们声称是如此。[46] 此案例中有价值的信息是用户及其朋友的列表，这能带来有针对性的营销策略，据信这些策略可以通过"消费心态的"操控来影响大选。尽管媒体围绕剑桥分析公司以及人们对消费心态学的无端恐惧进行疯狂炒作，但几乎没有科学证据表明人们的选择可以如此容易地被操控。就像潜意识信息的传说一样，有人声称，如果趁观众不注意，将一个爆米花或苏打水的图片短暂地嵌入电影中的某一帧后，观众就会更多地购买相应的商品，[47] 但目前并无有效的证据表明消费者或选民的选择会受到这种小花招的影响。[48]

尽管我们会被广告操纵或冒犯（因为当它发生时，我们大多数人都会意识到），但是，当我们认为自己的个人数据未经我们同意而被人获取和使用时，我们会感到更加愤怒——这是对所有权的侵犯。事实上，多年来我们一直在送出个人数据。数字公司以平台、游戏和所有其他令人赞叹的软件形式为我们提供"免费"服务，然后从我们提供给它们的个人数据中牟利，而我们似乎也心甘情愿。当你注册某项在线服务或将某个APP下载到你的智能手机上时，很可能你需要先同意其条款和声明，然后才能享受服务，而这些条款很可能会包含允许服务提供商收集、处理和存储你的个人数据的文字。服务提供商必须描述这些数据将如何使用，但作为用户我们很少有人有时间、意愿或法律知识来解读好几页的法律术语，所以我们就简简单单地在方框中打钩，表示我们接受该条款和条件。这些数据可以被利用或出售给其他公司，这些公司从中分析人与人之间的不同以及行为方式的变化。这些数据非常有价值，因为公司能借此分析人的行为模式和趋势，从而制定相应的商业战略。在过去，这项市场研究成本非常高且易受限，因为它需要进行个体样本抽样和调查，但使用数字技术后，这就变得非常简单了，而且我们提供的数据量大得惊人。这就是为什么数字公司即使不收取服务费，也能够很赚钱的原因之一。如果某项服务是免费的，那么你和你的个人数据就是产品。

　　每次我们使用智能手机时，我们所做的事情、去哪里以及与谁交谈，都会被追踪。虽然有法律可以保护我们的数据隐私，但如果我们勾选同意框，那么这些公司的行为就完全合法了。事实上，我们中似乎没有多少人在意这个问题，至少在我们注意到这些公司从事数据挖掘业务之前是这样。最近，通过移除或删除你的个人数据来收回个人数据所有权已成为一项法定权利，这样你就可以有效地在网上"隐身"，但除了麻烦之外，这样做会使你失去这些公司提供的便利和好处。这是我们成为数字时代的一分子而付出的代价。

只是一个概念

在本书开篇中，我关注了身体、价值观、思想和信息，因为它们是如此的个人化，而且很明显这些都是个人拥有的。但所有权是一种随时间和不同文明而变化的协议。数千年前，所有权纠纷可能可以通过律法和道德体系来解决，但如今我们更需要律师，因为所有权可以用不同的方式来解释。随着社会的变化，未来似乎很有可能还需要继续修改有关所有权的法律。英国法理学家杰里米·边沁指出了确立所有权的问题，他写道："没有任何图像、任何画作、任何可见的特质，可以表达构成财产的关系。它不是物质的，它是形而上学的；它仅仅是一种思想观念。"[49] 换言之，所有权并不存在于自然界，而是在人的头脑中构建起来的。因此，它是一个概念，一种思想，但也是一个非常强大的概念。所有权几乎控制着我们日常生活的方方面面：我们可以对什么主张权利；我们对财产能做什么，不能做什么；我们能去哪里或不能去哪里。如果没有所有权，我们的生活将是混乱和无序的，这就是为什么它是我们法律制度的核心，也是我们大多数人遵守的社会行为准则的基础。当我们忽视所有权或不承认所有权时，我们的行为是反社会的，在某些情况下甚至是非法的。

所有权不仅通过其规则和立法塑造社会，还从心理上控制着我们。法定所有权是社会的产物，因此，所有权附带的权利受到法律制度的规定和保护，但所有权不仅仅是法律。我们追求财富，即使我们不一定需要它。在我们的内心深处有某种东西，仿佛在情感上催着我们去占有。这就是所有权心理，一种因所有权满足而产生的情感体验，并不总是与法定所有权相一致。我们可以合法地拥有一些东西，但不在乎它。相反，我们可能在乎一些我们并不合法拥有的东西，而且感觉自己真的拥有。这纯粹是一种精神状态。

在一篇关于所有权心理的文章中，乔恩·皮尔斯和他的同事描述了工作场所中的一种常见现象，说明了所有权心理多么容易发生。[50] 在一家矿山，被雇用的卡车司机并不认为自己拥有某辆卡车，直到公司一条新政策出台，给每个司机分配一辆特定的卡车。在此之前，司机们不会用心维护他们驾驶的卡车。然而，在分配卡车后，他们逐渐开始将他们的卡车称为"我的"卡车，会清洁车辆内部并进行机械维护。一位司机甚至给他的卡车起了名字，并自掏腰包把这个名字漆在车门上，好像那辆车是他的了。同样，赛车手虽并不拥有他们所驾驶的赛车（车子属于车队），但他们对自己的那辆赛车有着深刻的拥有感。

我们都能理解这一点。想想有多少事物是我们并不合法拥有，但被我们认为是自己的。如果我们租了一辆车，我们就不会特别依恋它，但长期租赁的车通常另当别论。尽管从理论上讲，我们并不拥有该车（归金融公司所有），但我们会自然而然地意识到个人所有权，并更加小心地使用它。抵押贷款购买的大多数房产也是如此：在还清债务之前，我们并不合法拥有这些房产，但仍然视这些房产为"我们自己的"。而且很多人感觉拥有自己租赁的房产，尤其是如果他们在里面住了很长时间。这就是为什么开发商很难驱逐一些人，即使这些人不是房子的主人。你可能会认为这只是一个技术层面的问题，因为即便你有抵押贷款，你在未来也会彻底拥有该财产。然而，这种推理并没有抓住我们与拥有财产之间的深层心理联系。收回房产不仅仅是一种经济上的挑战，而是对我们自我感[1]的一种打击。

为了理解上述现象的原因，我们需要探索所有权这一强大的心理维度。对我们中的许多人来说，我们的生活被这种对所有权的不懈追求所控制。这种冲动来自哪里？在下一章中，我们从生物学的角度来探讨这个问题。

---

[1] 自我感（sense of self）：临床心理学、人格发展心理学和精神病学领域的概念，是指个体在与环境和他人互动过程中发展出的一种主观感受。在个体成长过程中，自我感的形成主要来源于个体对自我身体的感觉、个体与他人的社会互动、个体价值观的统一。自我感弱的个体表现为不清楚自己是谁、自己的观点和人生目标是什么，常常会产生抑郁、焦虑、被抛弃的恐惧等心理问题。——译者注

第 2 章　非人类可以占有，但只有人类能够拥有

生存竞争

两名长跑爱好者在穿越非洲塞伦盖蒂草原时准备停下来休息一会儿。正要脱下鞋子的那一刹那，他们看到了一只凶猛的狮子已经盯住了他们并正向他们冲过来。其中一名跑步者立马穿上鞋子。另一名跑步者吓得喘着粗气："我们不可能跑过那只狮子，它比人类快得多。"第一个人马上说道："我不必跑得比狮子快，我只要跑得比你快就行了。"这个古老的笑话抓住了自然选择的本质，这一进化过程将地球上生命的多样性解释为生存和繁衍竞争的结果。生存之战不仅是与大自然的力量对抗，也是在与你的竞争对手对抗。你只需要超越你的对手即可。

人类天生具有竞争性。1898 年，心理学家诺曼·特里普利特注意到，自行车运动员在相互竞争时比独自计时时骑得更快。

在被公认是第一个社会心理学实验的研究中,他测量了孩子们在游戏中收鱼线的速度,这些孩子要么独自一人,要么与另一人比赛。[1]就像运动员一样,孩子们在竞赛中收线速度更快。特里普利特称之为"竞争本能",它似乎是动物王国里普遍存在的一种基本行为。最明显的竞争例子表现在进食的时候。当你下次看到你的孩子们在餐桌上狼吞虎咽地吃东西时,不要因为他们像动物一样进食而批评他们。当有许多同类共同进食时,在每一个物种中都能观察到这种疯狂的进食行为,从犰狳到斑马都无一例外。

尽管在文明社会中我们很少会为食物而竞争,但是我们会不断地将自己与他人进行比较,而且一旦我们感到自己与亲戚、朋友或同事之间存在竞争时,我们中的大多数人都会意识到这种情况。一项针对5 000名英国成年人的调查研究显示,如果他们认为做相同工作的同事挣钱比他们多,那么无论自己挣多少钱,他们都不会满意。[2]问题在于,我们的感觉往往不是那么准确。另一项有7.1万多名员工参与的调查研究显示,近2/3的员工认为自己的薪酬过低,而只有6%的人认为自己的薪酬过高。[3]在实际工资高于市场平均工资水平的人当中,只有1/5的人认为他们的工资过高,1/3的人认为他们应该获得更多才对。我们不仅具有竞争性,而且常常感到自己的价值被低估,并认为其他人比我们拿的更多。

我们进行自我与他人比较的一个明显的方式是基于我们拥有的东西。我们和那些我们认为最接近自己的竞争对手之间在所有权上的相对差异使我们产生想要拥有更多的欲望。正如美国讽刺作家H.L.门肯曾开玩笑说的那样，财富是指年收入至少比你连襟多100美元的任何收入。[4] 这可能只是一个玩笑，但研究表明，这种兄弟姐妹之间的竞争是真实存在的。丈夫的收入低于自己姐妹丈夫收入的女性更有可能去工作以赚取更多的钱，从而获得比姐妹更高的相对家庭收入。[5]

所有权显然具有竞争性，但究其起源时却出现了两大学派的观点。进化论的观点认为，所有权是竞争本能的产物，即拥有对宝贵资源的独家使用权可以让你在生存和繁衍的竞争中占据上风。这可能只是简单的占有，其中所包含的使用权更为重要。另一个学派则认为，所有权不同于占有，因为它是一种文化，并且是在群体定居下来发展政治和法律制度时出现的。这里的竞争主要是社会性的。对人类而言，这两种观点在某种程度上都是正确的，而且都可以被视为生存的策略。但是，正如我们将要看到的，占有在动物王国是普遍存在的，而所有权只存在于人类社会。

possession（占有）一词来自拉丁语possidere，字面意思就是"坐在上面或把身体或脚放在上面"。当狗把爪子放在人们身上时，我们通常把它理解为一种爱的象征，但它实际上是一种支配的标志。它们的狼的基因仍然展露出狼群等级的迹象。占有给了你控制权，给了你竞争的优势。问题在于如何获得这种控制权，并在拥有控制权后得以保持。直接的身体竞争会造成潜在的、高代价的冲突，这就是为什么某些行为策略会通过避免对抗来减少这种代价。

其中一种策略被称为"先占原则"，它使我们在保护自己的资源时具有优势。你也可以称之为优先权法则。它被认为是天生的，因为即使是最简单的动物也会本能地、无须学习地使用先占原则。与那些基于脑力或体力的策略不同，在此类情境中，能否成功占有与竞争双方的心理或身体状态关系不大（尽管最快、最强和最聪明的个体最有可能最先占有），但这对天赋条件较差的竞争对手来说仍不失为一种稳定的策略，可以避免发生冲突。首先，第一占有者更愿意捍卫他们的财产。许多物种会尊重第一占有权，即使占有者更矮小并且可以被战胜。蟋蟀会在第一占有权被确立后选择与体型更大的竞争者较量，而体型较大的竞争者往往不会选择与体型较小的蟋蟀竞争占有权。[6]

整个动物王国都遵从先占原则。以蝴蝶为例，雄性蝴蝶极具攻击性，如果一个地方阳光充足，更容易吸引异性，它们就会争相夺取对这块地方的占有权。它们在保护自己首先发现的资源时很坚定，但当它们晚到时却很谦恭。为了使第一占有权保持稳定，双方都需要知道什么时候应该坚定，什么时候应该谦恭。不保卫领土的动物很容易被侵占者侵犯，而好斗的竞争对手则会争夺被坚定保护的资源。要知道什么时候该退让，什么时候该坚定立场，就需要有一些可观察到的标准来判断条件是否满足。如果存在一些含糊不清的地方，那么双方可能都觉得自己有权占有并出现争斗，这就是为什么两只斑点木蝴蝶会在同时停落的地方进行10倍时长的战斗——它们都认为是自己最先看到的那片地方。[7]

第一占有的优先性也是全球法律系统的基本原则之一。[8]这是法定所有权的一个重要决定因素，并因此产生了一句俗语，"现实占有，败一胜九"。尽管不存在这种世界通用的等式，但这确实传达了一条普遍的法律原则，即占有人被认为是合法所有人，任何挑战者都有责任证明其主张更有力。

制造的思想

许多动物占有食物、领地和配偶，但人类的独特之处在于，我们还制作可以珍藏的艺术品并将其传给我们的亲属。这些物质财产的转移取决于所有权概念的建立，因为你不能拿走或放弃原本不属于你的东西。

在我们成为智人之前，我们就一直在制造物品。最早的工具（石锤、铁砧和刀）是在肯尼亚发现的，[9]这些工具是在大约330万年前由早期的原始人祖先制造而成的，这个时间是在现代人类出现前大约30万年前。我们不是唯一制造工具的动物，但我们是唯一会抓住工具的动物。已知会保存工具的另一种生物是海獭，它们会保存一种小石子，用来劈开贝壳类动物。[10]与此相比，我们的祖先不仅生产出了大量工具，而且还生产了他们珍视并寄托情感的其他手工艺品。除了食物、领地或配偶，野生动物不会占有并保存其他东西。

早期的人类不仅制造物品，而且还会进行交易。我们已经知道，在旧石器时代晚期，人类就已进行物物交换和贸易至少长达4万年，因为这一时期的人工制品在距离其原始地点相当远的地方被发现。来自地中海海岸的海贝壳最终在数百公里之外的北欧各地被发现。[11]最有可能的解释是，它们是通过旅行者进行交易的。物物交换是人类行为的一个重要特征，在其他物种中并不常见。它不仅需要与他人沟通协商，还需要有能力计算出物品的相对价值。猴子和类人猿都可以学习以物易物，但这需要大量的训练。此外，一旦被训练与实验人员交易，它们就不会再相互交易，如果不加以强化，这种行为就会逐渐消退。[12]换言之，交易不属于其本性。

在我们的研究中，我们观察到了多种类人猿的以物易物行为。我的同事、发展心理学家帕特里夏·坎吉尔证明，受过以物易物训练的黑猩猩、倭黑猩猩、大猩猩和红毛猩猩都喜欢在拥有食物后将食物保存起来，并且不愿意与实验者进行物物交换。[13]它们觉得自己手中的食物比提供的食物更有价值。为了吸引它们，在与它们进行交易时，提供的食物必须更具吸引力。这并不是因为类人猿认为自己会上当受骗,而是它们很难放弃自己的食物。食物有着迷人的魅力——一鸟在手胜过两鸟在林。然而,灵长类动物很少表现出对其他物品(如工具)类似的依恋,即使这些物品是获取食物所必需的。一旦使用完毕,工具就会被丢弃。

另一方面,人类积极积累财富。整个人类历史就是一个创造财富的宝库,最古老的珍宝现在已经陈列在我们的博物馆里。我们会羡慕别人的财富。就我个人而言,我经常对这些历史文物感到惊叹,因为它们可以让我们与我们的远亲建立联系,以此来识别我们的异同。旧石器时代晚期是史前生产的黄金时期,因为这一时期复杂人工制品的考古记录出现了爆炸式增长,尤其是在法国西南部出土的大约4万年前的物品。在这个历史时期之前,非工具制造的最早例子是约13万年前的鹰爪形珠宝,它们戴在现代人类的表亲尼安德特人的脖子上。[14]诚然,有些动物可以制造出精美的物品,比如雄性日本河豚建造的沙雕或澳大利亚园丁鸟精心制作的凉亭,但这些临时作品仅仅是为了吸引配偶,就像动物制作的工具一样,一旦达成目的,它们就会被丢弃。

相比之下,早期人类在岩洞中进行绘画和雕刻,这些画作和雕像一定具有某种象征意义,而且最重要的是,它们被期望能长久保存。他们创造的是期望在今生和来世被传承的财富。早期人类和尼安德特人都将手工艺品随葬死者。其中一些物品的制作往往需要数百小时才能完成,因此,仅就投入的劳动量而言,它们就具有价值。这些随葬品并不是被丢弃了，而是成为仪式的一部分。我们现在只能猜测这种埋葬方式的原因，但是我们可以合理推测，这些物品要么属于死者，要么是因相信有来世而给予死者的。[15]

可以说，随着人类财富的积累，这些财富被用来交换食物、领土、服务和性。然而，用彩礼诱惑异性并不是人类所独有的，动物也使用这样的"贿赂"手段。许多雄性昆虫，包括苍蝇、蜘蛛和蟋蟀，会给潜在的雌性配偶提供食物礼包。雄性黑猩猩会给潜在的雌性黑猩猩配偶提供肉食以增加交配的可能性，尽管这可能需要花费一段时间才有效果。[16]然而，人类是第一个重视自身财产的物质主义动物。这些财产具有象征性、审美性，被视为我们身份的延伸，被随身携带、保护、尊崇，并最终传递给他人。只有理解所有权的规则，这些传递才能得以进行。只有遵守所有权规则最终才能出现稳定的社会，因为社会建立在财产积累和财富传递的基础之上。

相对价值

在上一个冰河期之后，人类活动从不断迁徙的狩猎-采集生活转变为定居生活，开始种植作物和驯养野生动物。随着人类社会过渡到农业社会，人们开始产出过剩的资源，这些资源可以被保存或被偷盗。此时，所有权变得至关重要。我们可以推测，财产法作为组织和控制其成员的方式出现在了文明社会中。临时社会变成了代代相传、具有有序组织结构的稳定社会，从而具有连续性和稳定性。

在这个过程中，所有权是强力促进剂。通过商业和军事活动积累财富的野心助长了某些社会阶层的发展，这些阶层成为统治精英，并拥有控制公民的政治权力。经济财富衍生出一种繁荣的机制，使得个人从日常的生存（生活）琐事中解脱出来。技术工人和知识分子在一个不需要通过体力劳动维持生计的制度下都能活得不错。所有权为公民成长的社会制度提供了合法和持续的理由。

如今，大多数父母都希望自己的孩子取得成功，而成功通常包括有良好的教育、职业和婚姻。这些不仅是幸福生活的要素，也是长久传承的要素。作为父母，我们为改善孩子的生活而投入资源，这听起来像是一种牺牲，但从生物学角度来讲，这只是基因让自己得以代代相传的策略。这种"自私基因"的观点借由英国著名演化生物学家理查德·道金斯的科普文章为众人所熟知，这一观点也令大多数自认为行为无私的父母感到恼火。

即便是去世了，后代仍然可以继承我们的财产。在曾经存在过的大多数人类社会中，尽管有着广泛的文化差异，但都出现了某种形式的遗赠。2013年，汇丰银行对15个国家的1.6万人进行了调查，结果显示，总体而言，69%的受访者计划留下遗嘱，其中印度（86%）和墨西哥（84%）占比最高，而只有56%的美国受访者和57%的加拿大父母希望将财产传给子女。[17]造成这种差异的原因有很多，包括发达国家具有更好的社会保障制度，但另一个主要因素是在以家庭为导向的态度上存在文化差异，即与那些集体主义社会的国家相比，工业化国家表现出更多以个体为导向的短期目标。

随着经济环境的变化，人们对遗产的态度也在发生改变。英国保诚保险公司2011年的一份报告显示，大约一半的英国成年人希望将遗产留给子女，但这一比例在2016年下降了一半，降至1/4左右。[18]"不给孩子留遗产"或"大滑坡"描述了"婴儿潮"出生的这一代人，他们不打算把大部分钱留给自己的孩子。这表明在预测人类行为时，生物学可能并不总是能奏效。

英国将遗产留给子女的比例减少的一个可能的原因是，父母已经竭尽所能支持其家庭成员以至于两手空空。"父母银行"越来越成为"千禧一代"拥有财富的唯一途径。父母和亲戚提供的大量财物和贷款在帮助年轻家庭成员进入成年生活（尤其是重要节点）中发挥着关键作用，包括偿还债务、结婚和购买第一套住房。英国抵押贷款公司法通保险公司的一份报告显示，在2017年，父母为子女提供了67亿英镑的借款，比上一年增加了30%，使"父母银行"变相成为十大抵押贷款机构之一。[19]今天，与上一代人相比，你跻身房主的能力更多地依赖于你的父母是否拥有住宅。这意味着,随着"有产者"和"无产者"之间的差距增大,未来的情况只会变得更糟。无论是在我们有生之年还是在死后,我们大多数人都会以这样或那样的方式把财富传递给我们的孩子。

值得注意的是,生物学也在这一善行中发挥了一定的作用。显而易见,大多数父母都会把财富传递给自己的孩子,但对继承趋势的分析也揭示出一些出人意料的模式。当我们分配遗产时,对有血缘关系的亲属和配偶的赠予比对无血缘关系的人更多。遗传关系越密切,遗产就越多,这并不会让人感到意外。然而,并非所有孩子都能平等获益,这取决于他们是男性还是女性以及家庭是否富裕。

20世纪70年代初,心理学家罗伯特·特里弗斯和数学家丹·威拉德提出了一个独创的模型来预测随环境改变的遗赠模式。根据特里弗斯-威拉德假说,在经济繁荣时期,人们偏爱男性后代,而在经济困难时期,人们偏爱女性后代。[20] 较富裕的家庭留给儿子的钱比女儿多,而较贫穷的家庭则相反。原因是,在困难时期,如果没有国家福利,富裕男性比不富裕的男性更有可能生更多的小孩。富裕的男性可以吸引更多的潜在配偶并更多地投资他们的后代。男性也可以比女性生育更多的后代,因此更富有的父母会将他们的投资偏向于儿子而不是女儿,以获得最大数量的孙子。然而,贫穷的女儿比贫穷的儿子更有可能生孩子,因此对贫穷的家庭来说，女儿是更好的投资对象。

这些预测在随机抽取的 1 000 份加拿大遗嘱分析中得到了验证。首先，调查表明，92% 的受益人是亲属，而只有 8% 是非亲属。[21] 配偶是最有可能的受益人，这是很有道理的，因为在大多数情况下，由伴侣关系产生的任何子女的生存，伴侣双方都是既得利益者。遗赠的平均数量反映了遗传关系的模式，大约一半的财富给了有一半血缘关系的亲属，大约 10% 的财富给了有 1/4 血缘关系的亲属，只有 1% 的财富给了有 1/8 血缘关系的亲属。

孩子们得到的遗产比他们父母的兄弟姐妹多，给儿子和女儿的相对比例取决于遗产的多少。正如特里弗斯和威拉德所预测的那样，在最富有的家庭中，儿子获得的遗产是女儿的两倍；而在最贫穷的家庭中，其分配模式正好相反。当有兄弟姐妹时，公平分配是最常见的模式，有 82% 的案例均无差别。然而，有 7% 的案例会偏向女儿，有 11% 的案例会偏向儿子。只有在你考虑遗产的体量时才会发现这种差异。根据特里弗斯-威拉德假说，偏向儿子的人比没有偏向的人更富有，没有偏向的人比偏向女儿的人更富有。这种父母偏向的模式在为孩子所买礼物的价值上也有所体现。2018 年的一项网上购物研究显示，富裕的中国父母花在儿子身上的钱比花在女儿身上的钱多，而在不富裕的父母身上观察到的情况正好相反，中等经济条件的父母对儿子、女儿则一视同仁。[22]

虽然配偶是遗嘱最有可能的受益人，但这也取决于谁先去世。在一项追溯到1890年的加州遗嘱研究中发现，如果丈夫先于妻子去世，他会将他们的大部分财产转给其配偶。[23]然而，当妻子先于丈夫去世时，她更有可能将丈夫从遗嘱中除去，并将财产直接交给子女。同样，这有一个合理的生物学原因。当丈夫到了即将去世的年龄时，大多数妻子都已超过生育年龄，不太可能再有孩子了。对丈夫来说，将财富留给孩子们的母亲是有道理的。然而，如果一个妻子即将去世，她的丈夫可以继续与另一个女人拥有另一个家庭，这就是为什么临死的母亲倾向于将财产留给自己的孩子，而不是留给丈夫和任何潜在的邪恶继母。

不仅是父母为孩子们做准备，其他亲属在照顾后代时也会有所收获。例如，母亲可以百分之百肯定自己的孩子携带着自己的基因，但父亲可能并非孩子的亲生父亲。即使在今天，美国国家民意研究中心2010年的综合社会调查显示，[24]有婚外情的妻子数量仍有15%左右。在古代，亲子关系会有更多的不确定性。事实上，在一些南美洲部落中，存在"可分父权"的情况，即认为孩子有多个父亲，因为人们认为怀孕取决于多个男性的精液累积。[25]在所有社会中，有一件事是可以确定的，那就是孩子来自分娩的母亲。因此，母亲一方的外祖母也可以相当肯定她的基因存在于孙辈中（除非他们在出生时被调换），而母亲一方的外祖父则不能确定——他也可能不是自己女儿的父亲。父亲一方的祖父母就不能这么肯定了，因为他们的儿子可能戴绿帽子了，他们的孙辈可能与他们没有任何血缘关系。

这种不同程度的生物联系和潜在的欺骗会表现在亲属的慷慨程度上。平均而言，外祖母比其他祖父母对孙辈的投资更多，祖父母对外孙子/女的投资也比对孙子/女的投资更多。[26] 例如，美国最近一项针对有5岁以下儿童家庭的调查中，孩子的父母被问及祖父母的慷慨程度和对抚养孩子的帮助如何。由于在这项研究中，许多祖父母已经再婚，因此可以比较他们的祖父母和继祖父母。平均而言，祖母每年给她们的孙子/女680美元，而继祖母只给了可怜的56美元。[27] 姨妈和舅舅们在外甥/女身上的投资也比父辈的兄弟姐妹多。[28] 尽管在现代社会中，亲子关系的不确定性相对较低，但这些提供不同程度支持的策略代表了一种进化遗风，它源自父母亲能确定谁是孩子父亲之前的那个年代。

你会袖手旁观吗

> 邪恶得逞的唯一必要条件是好人袖手旁观。
>
> ——埃德蒙·伯克（1729—1797）

1754年，法国哲学家让-雅克·卢梭指出："第一个把地圈起来的人，想了想说，'这土地是我的'，结果发现人们竟然信以为真。这个人是公民社会的真正创始人。"[29] 这种遵守规则的能力解放了个体，使他们能够扩大自己的活动范围，并认识到他们的所有权将得到承认而不会受到挑战。因此，道德准则（"你不应该偷窃"）源自原始的实用解决方案。当你不再需要随时看管着自己的东西时，你就可以自由地支配时间去积累更多的财富。你可以侵占其他领地，因为你知道回来时你的家仍然还在那里。

领地行为在动物王国中很常见，许多物种都有标记、巡视和保护"财产"的行为。各种各样的动物会通过筑巢和挖洞穴保护自己。寄居蟹会为争夺丢弃的贝壳而打斗。也许最引人注目的家庭建设例子就是海狸的大坝。在冬天，为了保护自己不被捕食者杀害，并能在河流和湖泊的冰层下随时捕猎鱼类，海狸会啃咬树干，并用倒下的树木建造精致的巢穴。这些巢穴浮动到某个位置后就会形成一个水下入口，入口被设置在适当的深度以防止结冰。这个庇护所能为海狸的家人提供安全保障。如果竞争对手能随意造访这个庇护所，海狸就不会进化出这种行为。如果这些栖息地或领地得不到保护或者被丢弃，那么其他海狸就会去侵占。它们一旦被占有，就成了占有者的家。[30]

然而，与占有不同，所有权更为复杂，因为它需要认知机制来计算资源是否可以被占有，有了这种机制，即使所有者不在场，所有权也能保留下来，就像你在电影院去买冰激凌时把外套放在座位上一样。所有权的实现需要想象行动的后果和对未来突发事件的规划。你知道如果你拿走了不属于你的东西，那么你将会招致报复和惩罚。

强化所有权需要采取行动,并承担相关的潜在成本。在法律和警务制度出现之前,这意味着你要为属于你的东西而战斗。保护你的财产免遭盗窃是一种简单的第二方报复,这将使你直接受益。然而,稳定的发展和文明都无法在持续的内部冲突中蓬勃发展。要让所有权发挥作用,就必须有相应的机制来保护最弱者和暂时离开者对于财产的所有权。必须有一个治安维护系统来避免潜在窃贼的占有,即第三方惩罚,在这一系统中个体会保护他人的财产。与第二方惩罚不同,第三方惩罚者不会直接获利,甚至可能会为他人的利益付出代价。这在大型社区中尤为必要,因为在这些社区中,并非每个人都是彼此认识的,个体之间也很少直接接触。

许多物种都有对财产的第二方保护,但很少有证据表明非人类的物种有第三方保护。[31] 据观察,处于统治地位的黑猩猩和猕猴会在其他黑猩猩和猕猴打架时介入,但这更多是为了维持群体的现状,而不是在资产纠纷中帮助其他黑猩猩和猕猴。即使有意提供对偷盗食物者的第三方惩罚机会,黑猩猩也不会帮助其他同类,而是只会保护自己的食物或报复偷盗自己食物的盗贼。

相反,从很小的时候起,人类的孩子就会干预保护其他人的财产。最初,2岁的孩子只有在有人试图拿走自己的物品时才会感到不安,如果侵犯的是其他人的物品,他们不太会大惊小怪。但是到3岁的时候,如果一只淘气的泰迪熊试图拿走其他孩子的物品，孩子们就会抗议。[32] 此类第三方保护对所有权至关重要，因为所有权的力量取决于个体在物品所有者不在场的情况下也能遵守规则。视而不见会损害所有权的整体价值。如果没有第三方惩罚，社会中群体之间的合作将崩溃，这就是为什么它是定义所有权的特征之一，而这个特征在非人类中没有被观察到。

为什么孩子们在3岁前后开始表现出对第三方惩罚的理解？一个答案是，他们有了不断发展的对其他人和其他人物品的觉察。关键在于，这可能与心理学家所说的心智理论有关，这是一种直觉能力，能够在心理上将自己置于他人的位置，从而理解他人的思想和行为。心智理论是人类和非人类认知领域中研究最多的课题之一，因为这种心智能力在社会交往和预测他人未来的行为方面具有极大的价值。如果你能读懂别人的心思，那么你就可以预测他们的下一步行动，或者你可以通过向他们提供虚假信息来操纵他们。有证据表明，在其他物种中，基本的心智理论是存在的，但在人类从3—4岁开始，心智理论就已极为复杂和常见了。[33] 在此之前，婴儿期和学步期儿童似乎能够意识到其他人有想法，但他们不像更大一点儿的孩子那样善于解读这些想法。3岁左右出现心智理论的增强，使得孩子们能够开始思考他人对他们所拥有物品的看法和态度，以及失去这些物品的情绪后果，这就是为什么他们愿意惩罚其他违规者。当一个人能够理解他人的感受时，就会使得执行社会规范和所有权规则变得更加容易。

盗窃是一种侵犯所有权的行为，儿童在发育早期就已经理解了这一点，但成年后人们对盗窃的理解各不相同。狩猎－采集社会时期的成员几乎没有个人财产，这是很合理的，因为他们经常迁徙，需要轻装上阵。他们不认为自己获得别人没在使用的物品是一种盗窃行为，因此，他们不太可能实施第三方惩罚。[34]这并不是因为他们不了解所有权，而是因为大多数财产都属于该部落，因此，如果部落的一个成员没有使用某个物品，那么另一个成员有权暂时占有。这就是所谓的"需求共享"：如果你有，而我正需要，那么就把它给我。即使当他们请求许可使用某件物品时，也不是因为他们承认个人所有权，而是为了确认它没有在被使用中。当你拜访狩猎－采集部落时，如果你把鞋子放在帐篷外面并在第二天看到有人穿着它们四处走动，不要惊讶，毕竟你没有在使用它们。

需求共享演化成为不断迁徙的狩猎－采集者的一种策略，这一点可以从数学模型中获知。当谈论我们过去如何生活时，这些模型可以模拟不同策略的效果。分析表明，为了获得能源而不停地在营地之间移动的需求共享家庭，能够更好地适应对狩猎－采集者而言常见的不可预测环境，而不共享的家庭和不迁徙的家庭则会消亡。[35]

时至今日，传统的狩猎－采集社会所剩无几。大多数人生活在同一个地方，周围有许多人，陌生人盗窃的风险是一种持续的威胁。所有权的全部意义在于承认当所有者不在场时，资源不能被随意利用。作为社会契约的一部分，我们希望其他人保护和尊重我们的财产权。但是，请先考虑下面的情况并如实回答。如果你看到一个20多岁的年轻人，鬼鬼祟祟地拿着一把剪线钳试图切断自行车上的锁链，你会怎么做？当有人经过时，这个人会停下来假装做别的事情。我猜你可能会很快进行风险收益分析：这也许是他的自行车？但为什么他在被发觉时却停止了撬锁行为呢？也许他是个危险的罪犯？应该有人出面制止他，但我不确定我是否要卷入其中。

当目睹一件显然的盗窃案时，人们却往往无法直面偷窃者。为了说明这一点，电影制作人凯西·内斯塔特于2012年制作了一段视频，视频拍摄的是他在纽约附近的多个地点假装正在偷窃一辆自行车。这段视频已有超过300万YouTube视频网站用户观看。[36] 他的行为看起来完全像是一次偷窃行为，但直到他在人来人往的联合广场用电动工具试图盗窃时，警察才出现并制止了他。这种公众不愿意参与的现象就是所谓的旁观者效应的一个例子，即如果有其他人在场，成年人不会提供帮助或援助。人越多，旁观者效应越强，就好像责任被分散了。

如果所有权依赖于第三方监管，那我们如何实现旁观者效应与干预的需要之间的平衡呢？人类并不总是保护他人的财产。想想家庭防盗警报，它是在邻居、保安或警察能够迅速赶来这一假设的基础上存在的一种威慑力量。事实上,这种情况很少发生。在英国和美国,几乎所有触发的警报都是虚报。在英国,警方的标准执行政策是不回应未经监控的警报,除非发生的犯罪事实得到证实。对盗窃惯犯的采访表明,他们通常认为,警报与其他安全措施相比并不是一种主要的威慑力量,因为他们知道警察很少会出警。[37]

如果3岁的孩子在目睹偷窃行为时会进行干预,那么为什么在成年人身上却会出现旁观者效应呢?事实证明,之所以出现旁观者效应,不是因为人们冷漠,而是一种不确定性和恐惧的结合。许多情境都是模棱两可的,我们中的大多数人更愿意小心地确定究竟发生了什么,而不是莽撞行事。如果有人无所顾忌地试图切断自行车上的挂锁链条,那么我们首先会认为车一定是他或她的。成年人和儿童一样,会推断与物品互动的人通常是物品的主人,在一个法治社会中这更有可能。或者,如果这个人是一个不怕别人的人,那就意味着他们可能是暴力的,在这种情况下,为了保护别人的自行车而冒自己受伤的风险真的值得吗?他们会为了我做同样的事情吗?这根本不值得。

然而,旁观者效应并不总是奏效。如果成年人独自一人,当他们目睹他人财产被侵犯时,他们更有可能进行干预。在这种情况下,没有其他人可以依靠。这种评估还取决于犯罪行为发生的地点。与生活在乡村小镇的人相比,城市居民更不愿意干预犯罪行为。这可能是因为乡村小镇的人们更愿意质疑当前的情境，也可能是因为情况不那么模棱两可。当我们生活在较小的社区时，我们不仅认识我们的邻居，而且将其他人视为陌生人。生活在小群体中的人也感到有更多的义务和责任维护邻居的利益，包括保护和捍卫邻居的财产。当目击可疑事件的小群体彼此都认识时，旁观者效应就会消失，这同样是有道理的。这样一个团体可以减少不确定性，可以进行交流，并且作为一个团体，保护财产不被侵犯与大家共同的利益相关。[38]

公地悲剧

　　承担责任和管理我们的资源符合所有人的集体利益。这种需求随着我们不断改造自己居住的星球而变得愈加迫切。自1.2万年前现代文明诞生以来，全球人口已从约500万激增到今天的70多亿。在文明出现之前，不仅人口数量更少，而且他们生活在小型迁徙群体中，这些群体所处的环境变幻莫测。文明改变了这种状况。随着我们在保持健康和获取财富方面的技术不断进步，地球上的人口呈指数级增长，眼下总人口已威胁到地球。现在不仅可开采的自然资源越来越少，而且我们的工业活动已经以影响气候的方式改变了环境，而这最终将影响地球上的所有生命。

　　已故生态学家加勒特·哈丁在1968年的一篇论文中预测了这种危险状况，该论文发表在著名的《科学》杂志上，内容是人口过剩的危机,题为《公地悲剧》。[39] 在这篇论文里,哈丁聚焦人类的行为,并将之视为一个主要的影响因素。简言之,人们出于自身利益和家庭利益而进行繁殖、竞争和做出各种行为。哈丁指出,自私行为的后果不一定是故意造成的;相反,这是人类的本性。因此,他认为,没有明确可行的技术解决方案能够改变人类的动机。

哈丁从古典经济学的角度思考了这个问题。在《国富论》一书中,"现代经济学之父"亚当·斯密提出了"看不见的手"的概念,这只手的作用是改善社会状况。他写道,一个"只为自己谋取利益"的人可以说是"被一只'看不见的手'引导着去促进……公共利益"。换言之,个人出于自身利益而采取的行动,会使社会不断向好的方向发展。这方面最明显的例子可能是市场与创新之间的关系。如果某些产品供不应求,需求量很大,就会出现创新,通过技术进步和经济进步提高所需产品的实用性。这正是企业家们一直寻找的机会——能让他们赚钱的解决方案。

这种认为个体是经济增长驱动力的信念,仍然是强调个体自治是推进文明最重要因素的政治观点的核心。这一逻辑对经济学来说可能相当有效(尽管我们将在后面的章节中看到它存在的问题),但当谈到什么对社会最好时,亚当·斯密的"看不见的手"无疑是一只破坏之手。

1833年,数学家和经济学家威廉·福斯特·劳埃德提出了一个公式，解释为什么亚当·斯密是错误的。[40]他举了一个允许个人在公共牧场或英国的公地自由放牧的例子。在竞争本能的驱使下，个体渴望发展，因而会被激励不断扩大牧群规模，最终导致灾难。对单个牧民来说，在牧群中增加一头羊的价值是+1，但过度放牧的成本将在使用公地的每个牧民之间分摊。从单个牧民的角度来看，增加一头羊在经济上是完全合理的，但问题是，每个人的行为逻辑都是一样的。最终，每个人都会增加他们的牧群规模，直到土地被过度放牧，牧场完全被破坏，导致公地悲剧。

哈丁在其颇具影响力的论文中举了这个例子，称之为悲剧，因为其必然性显而易见，但无法解决。问题是，现实生活中地球上的每个人都陷入了一场公地悲剧，而这场公地悲剧是由相信自己拥有合法所有权的各个国家所上演的。在过去的一代中，我们逐渐开始将地球理解为一个精细平衡的生态系统，资源的拥有者破坏资源的权利（处分权）与我们所有人拥有一个可居住星球的权利相冲突。一个国家可能有权砍伐树木为农业让路，但破坏雨林的后果对其他人来说是灾难性的。

自从人类文明诞生以来，地球已经失去了它曾经拥有的一半树木。[41]化石燃料燃烧、海洋酸化和人类活动的所有其他迹象表明，我们正在制造会影响到地球上未来生命的麻烦。气候变化是人类活动的直接后果，但解决这一问题所需的必要行动与一个国家随心所欲开采其资源的所有权直接冲突。这就是为什么国际合作和条约是对抗威胁我们的生态灾难的唯一途径，也是为什么单边保护主义——以"美国优先"为代表——是如此短视和危险，因为这些行为最终会让人类自掘坟墓。

经济学家约翰·高迪声称，我们当前的困境并非不可避免，因为在90%的人类历史中，我们都是狩猎－采集者，没有参与所有权的军事竞赛。[42] 所有权是游牧民族需要考虑的问题。狩猎－采集者花费大量的时间吃喝玩乐和社交。具有讽刺意味的是，从定义上讲，他们在物质上很贫穷，但他们经常享受只有非常富有的人才能享受得起的休闲活动。事实上，当时大多数狩猎－采集者比工业化国家的现代人有更多的闲暇时间。狩猎－采集者通常平均每天工作3—5个小时，每周休息1—2天。[43] 此外，他们的大部分工作是打猎、钓鱼、采摘水果和浆果，这些活动在西方被视为娱乐活动。贾森·戈德斯基是一位有抱负的原始主义者，他希望在未来建立一个能够有效运转的狩猎－采集部落。他认为，即使是世界上最富裕的工业化社会所能期待的最悠闲的生活，也比不上狩猎－采集者们最艰难的生活。[44]

虽然这一乌托邦式的愿景有些故作伤感和富有浪漫色彩，但人们不得不得出这样的结论：对物质财富的追求导致我们目前的环境困境。但是约翰·高迪不像加勒特·哈丁那样对未来比较悲观，他建议我们做出一些改变来应对公地悲剧，其中一些是大家熟悉的，如保证环境可持续、减少财富不平等、加大社会保障支持和加强国际合作。

然而，这份清单中缺少的是我们如何理解所有权，并从一开始就完全可以做到这一点。所有权可能源于生物学上的必要性，但所有权的概念是在人类头脑中构建并在成长发展过程中形成的。如果心理上的所有权真的是我们当前过度消费和无情的物质主义的根源之一，那么我们必须找到改变人们观念的方法。但在你改变观念之前，你需要知道这些观念来自何方。这是我们接下来将要讨论的问题。

第 3 章　所有权的起源

谁该拥有那幅班克斯作品

2010 年，密歇根州底特律的老帕卡德汽车厂重建时，工人们在一面正准备拆除的混凝土墙上发现了一幅画：一个小孩提着一桶油漆，手里拿着一把刷子，并且画上写着"我记得以前这里全是树木"。经证实，这幅画是英国著名的涂鸦艺术家班克斯的作品。班克斯因善于运用标志性模板拓印的画像，以及幽默大胆、神出鬼没、游击式（经常在深更半夜）的创作风格而闻名于世，而最让他出名的是他完全匿名。公众不知道班克斯是谁，也不知道他长什么样，他也从不主张对自己作品的所有权。班克斯只承认他在自己的官方网站 pestcontroloffice.com（意即"除虫"）上公布的作品——这其实也是一种典型的班克斯式幽默。既然班克斯不主张这幅作品的所有权，那么谁该拥有这幅作品呢？

事实上，我们中很少有人能够拥有它，因为它价值连城。当知道了在老帕卡德工厂发现了一幅班克斯的作品时，底特律的555艺术画廊运走了这块约2.1米×2.4米、680公斤重的混凝土墙，想要把班克斯的画从推土机下救出来，因为那些工人不知道他们毁坏的是什么。[1]然而，在当地的土地所有者发现这一救援行动时，他们声称这堵墙价值超过10万美元，并以盗窃为由将555艺术画廊告上法庭。一夜之间，原本计划拆除的一堵毫无价值的墙变得十分宝贵。法院必须判定这幅作品的合法所有者：是在墙上涂鸦的艺术家，还是当地的土地所有者？是发现这幅画的工人，还是致力于保护和保存艺术品的画廊？最终，法庭判定555艺术画廊向当地土地所有者支付2 500美元以获得这幅画的直接所有权，至此底特律班克斯案结案。对于555艺术画廊来说这是一笔不错的交易。因为在5年后，也就是在2015年，这堵班克斯涂鸦墙以13.75万美元的价格卖给了来自加利福尼亚州的一对夫妇。这让底特律人大为震惊，他们认为这幅作品应该留在密歇根州，这是班克斯送给他们城市的礼物。

班克斯似乎很喜欢挑起人们对所有权概念的思考。他带给我们的挑战不仅是要解决艺术是什么的问题，还要解决谁该拥有它的问题。上述任何一个主张所有权的人都可能受到质疑。无论是私有还是公有，每一个建筑物均有所属，所以班克斯涂鸦的那堵墙的所有权不是他可以改变的。涂鸦被认为是污损，通常会使财产贬值。在大多数西方社会，涂鸦被认为是一种刑事毁坏，可处以罚款和拘留。在英国，2017 年清理涂鸦的成本大约为 10 亿英镑。[2] 那么，班克斯的涂鸦到底是破坏还是创造呢？在班克斯的家乡布里斯托尔，当地政府部门保护了班克斯的作品，并赋予这些作品公共艺术品的地位。2009 年，布里斯托尔还举办了多场街头艺术展，市博物馆的班克斯展览吸引了不少游客前来欣赏，为该市带来了 1 500 万英镑的收入。[3] 然而，有些人却有不同的看法。2007 年 4 月，班克斯最著名的作品之一出现在伦敦老街地铁站附近的墙上。该作品描绘了演员约翰·特拉沃尔塔和塞缪尔·L．杰克逊在电影《低俗小说》中所扮演的两个角色，不过把他们手上所持的枪改成了香蕉。尽管这幅墙上的涂鸦预估价值超过 30 万英镑，但还是被伦敦交通运输工人粉刷了。[4] 当被问及对该画的损毁有何评价时，伦敦交通局的一位发言人回答说："我们的涂鸦清理团队只是专业的清洁工，又不是专业的艺术评论家。"

而具有讽刺意味的是，迄今为止班克斯最具创造性的作品来源于一次破坏性表演。2018 年 10 月 5 日，伦敦苏富比拍卖行拍卖了一幅他的标志性作品——《女孩与气球》的涂鸦作品。拍卖师落槌之际，画作里就响起警报，在全场人正震惊之时，画框里的画被绞成了一条条碎纸。之后在 Instagram（照片墙）上发布的视频中，班克斯透露了几年前他是如何在画框中安装了一台碎纸机，以防该画在拍卖会上售出。他还在 Instagram 上发布了一张当时拍卖成交时电话竞标者们聚集在展厅目瞪口呆地看着这一震惊时刻的照片，并配有"继续，继续，成交"的诙谐标签。这是他最具创造性的作品，因为正如班克斯所补充的那样："破坏的欲望也是一种创造欲。——毕加索"通常情况下，一件被撕碎了一半的艺术品会因为这样的破坏而变得毫无价值，但班克斯的作品并非如此。因为考虑到这一特殊情况更能吸引公众关注而使得作品价值更高，所以竞买人决定保留作品的剩余部分和画框。班克斯似乎是艺术界的迈达斯国王，能够点石成金。

班克斯每次在创作公共艺术作品时，都会给我们在确定所有权时造成困难。这位艺术家用其卓越的思想和实际的劳动提供知识产权，之后却放弃自己的劳动成果，让其他人争夺所有权。班克斯的每一次创作都会让我们想起边沁的格言：所有权只是一个概念，是思维的产物。

概念艺术源于法国艺术家马塞尔·杜尚的思想。他在1917年参加了纽约独立艺术家协会的第一届年会，并提交了一个名为《泉》的普通陶瓷小便池参展。通常来说，纽约独立艺术家协会董事会按照其规定必须接受所有会员提交的作品，然而他们却以《泉》不雅且不是艺术品为由提出异议。其实，独立艺术家协会成立的原因就是为了打破在此之前一直占据艺术界主导地位的形式主义和精英主义。年会理应没有评委、不作评价、不设奖项，所有的作品按照艺术家姓氏的首字母顺序展出。然而，纽约独立艺术家协会董事会出于体面而反对展出这件艺术品。

杜尚很气愤,他撤回了展览中被挡在隔板后面的陶瓷小便池,并拍了一张照片发给当时纽约画廊的老板兼摄影师艾尔弗雷德·施蒂格利茨。艾尔弗雷德·施蒂格利茨对这件作品有不同的反应:"这个'小便池'真是一个奇迹——每个看过它的人都认为它很美,确实如此。它有一种东方之韵,像是佛像和蒙面女人之间的混合体。"

小便池不久就被扔掉了,关于《泉》仅存的就是1917年的那张照片。毕竟,当时杜尚只是想要一个说法。他故意挑衅协会成员,因为他想挑战传统的艺术观念。有人说这位艺术家是在邀请观众在艺术的概念上小便,但当1964年杜尚接受采访时,他说他是在"让人们注意到艺术是海市蜃楼这个事实"。[5] 与所有权一样,艺术同样也难以捉摸。

在2004年特纳奖颁奖礼上,由赞助商发起的一项对艺术界领军人物的调查中,《泉》被认为是20世纪唯一最重要的艺术品。[6] 尽管《泉》的原件可能已经消失,但世界各地著名的艺术画廊都有其复制品,包括纽约现代艺术博物馆、伦敦泰特现代美术馆和巴黎蓬皮杜中心。概念艺术现在已经成为一种独立的艺术类型,多数作品都以不菲的价格进行交易。2002年,由杜尚工作室复制的那个名为《泉》的作品在拍卖会上以100多万美元的价格售出——对于一件只存在于想象中的艺术品而言,这是一个非

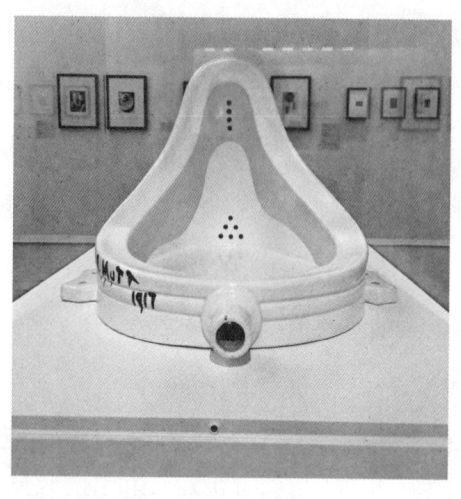

图 3-1　在巴黎蓬皮杜中心展出的杜尚的《泉》的一个复制品
图片来源：作者。

常高的价格。

艺术与所有权存在相关性的原因在于两者都是概念性的。我们的世界里充满了由人类思维建构的概念，但概念是如何建构的呢？作为一名发展心理学家，在职业生涯中我一直在研究儿童概念的发展，从他们对物理世界的理解到对超自然世界的信念。在每一个领域，概念似乎都是从我们与生俱来的基本原则中发展而来的，并随着经验而变得更加复杂。同样，所有权是从原始的占有原则发展而来的一个概念——这是人类与其他动物的共同点。

在所有权出现之前，就有了占有权。占有只是对某些资源的物理控制，比如持有它、携带它甚至坐在它上面。如前一章所述，许多动物获得并捍卫占有权。在儿童发展过程中也是这样，所有权概念出现之前就有占有权的概念。心理学家利塔·弗比分析了占有行为的发展，并提出了两条在世界各地都适用的占有原则。[7]通过对5岁儿童至50多岁的成年人的访谈，首先，他们都认同占有可以让人们控制某些东西。其次，他们都同意他们所占有的物品可以成为其身份的一部分。这就是我们在第1章中所描述的心理所有权，它源于认识到自己与自己所占有的物品之间存在联系——自我的延伸。

最初，新生儿对周围物体几乎没有控制力，也没有发育完善的自我感。然而，他们对与世界的互动有着本能的、内在的好奇心。心理学家罗伯特·怀特认为，包括人类在内的所有动物，都具有在环境中获得积极效应的动机，这种效能感是一种人们普遍追求的快乐源泉。[8]观察一下你的宠物，它们在玩耍时，很明显会通过反复用爪子抓或拍打来控制各种物品，进而能够获得很大的满足感。这些物品被它们占有，因为这些物品在其控制之下。这种对控制的渴望是瑞士儿童心理学家让·皮亚杰智力发展理论中的驱动因素。皮亚杰在该理论中描述了婴儿通过与物体互动并了解其属性来发现周围世界的本质。这就是幼小的婴儿反复用餐具或杯子敲打桌子的原因之一，也是他们喜欢把东西从桌子上推下来，让父母一次又一次地把它们捡起来的原因之一。皮亚杰认识到，这些行为是婴儿开始探索周围世界的本质、对其施加控制并发现自己拥有什么的一种方式。

控制也取决于相倚性。婴儿特别喜欢彼此相倚的经历，或者由他们自己的行为直接引起相应结果的经历。轮流参与是许多亲子互动游戏的特点之一。这就是"躲猫猫"这种婴儿游戏以各种不同的形式在世界各地流行的原因，它包含相倚性。[9]通过这些控制和相倚性的基本驱动力，我们确立了对事物的主权，以及同样对我们个人的思想和行动的主权。美国心理学家马丁·塞利格曼提出："那些在运动指令与视觉和动觉反馈之间表现出近乎完美关联的'物体'成为自我；而那些不存在此关联的'物体'则成为世界。"[10]

作为成年人，当我们失去对这些相倚性的控制时，我们会经历一种脱节。因为个体自我的完整性和控制受到了损害，我们失去了对自己思想和行为的所有权，经历了人格解体，即人格的分裂。在这种精神错乱的状态下，可以说我们是被附身的人，就好像有另一个人或灵魂控制了我们的思想和身体。当思想和行为的主动控制不匹配时，就像在精神分裂症等许多精神病患者中发生的那样，患者会产生被外部控制以及从别处控制身体的错觉。[11]从某种意义上说，我们在精神上和肉体上是谁，都取决于我们完全控制并因此而拥有的东西。

胡萝卜加大棒

如果占有欲来自控制我们周围物质世界的原始冲动，那么父母通常会允许婴儿接触大多数不会伤害他们的东西。婴儿一出生就是父母的掌中宝，是家庭关注的中心。下次你去拜访一个家有婴幼儿的人时，注意一下婴幼儿向父母展示物品来打断谈话的频率是多么频繁。这是一种博得注意和控制局面的常见方式，这就是为什么在早期，许多婴儿与父母的社会互动都涉及实物。[12]

婴儿是好奇的动物，他们时常想要突破探索的边界。随着不断增强的行动力，他们突然可以接触到环境中的大多数物体。然而，这些经历往往会给他们带来伤害或破坏，这就是为什么成年人和年长的哥哥或姐姐试图抑制幼小孩子的好奇心。此时，婴儿开始学习行为界限以及什么受他们控制和什么不受他们控制。当婴儿试图探索被别人控制的物体时，他们会减少占有欲。这就促进了他们对不属于自己的事物的认识，因为只有婴儿可以自由控制的那些物体才属于他们。

当幼儿与同龄人互动时，即使是最小的幼儿也更有可能通过一个物体而不是通过语言来进行互动。他们知道拿哪些玩具会让他们的兄弟姐妹最不高兴。[13] 在家庭之外，当幼儿进入托儿所时就开始了一场战斗，他们想要控制所有他们能拥有的东西。一些最早期的观察性研究显示，托儿所里 18—30 个月大的幼儿之间发生的争吵中，有 3/4 是为了争夺玩具。[14] 当只有两个幼儿在场时，争吵发生的概率会上升到 90% 左右。显然，动物世界里的先占原则在这个年龄段并不完全适用。当孩子长到 3 岁时，这种争夺玩具的争吵就会减少到占所有争吵的一半左右。

起初，孩子们更喜欢别人最爱的玩具。对于幼儿来说，把自己手里的玩具丢掉，然后去追一个相同的玩具，仅仅因为这个玩具在别人手里，这种现象并不少见。早在他们意识到身份象征之前，幼儿就已经意识到获得他人想要的东西的价值。刚开始幼儿在玩东西的时候是相当以自我为中心的，但很快就会更多地转变为与同伴一起玩玩具。[15]正如儿童心理学家爱德华·米勒所描述的那样，玩具所有权是社会发展的"胡萝卜加大棒"，通过威逼利诱来促进社会互动。[16]

占有也成为幼儿在托儿所建立地位的一种手段。控制物体远比殴打更频繁，可以说支配是比暴力更突出的特征，因为暴力是短暂的，并可能导致报复或惩罚。[17]值得注意的是，当涉及所有权时，幼儿可能会将他们的家庭环境经验带进托儿所。一项研究表明，相对频繁地从同伴那里夺走东西的幼儿，其母亲也会相对频繁地从他们手中夺走东西；相反，那些更频繁地和同伴分享物品的幼儿，其父母也更频繁地和他们分享物品。[18]

到了学龄前阶段，领地纠纷和侵犯性占有行为就会逐渐减少，取而代之的是谈判。这就是语言在解决所有权纠纷中发挥重要作用的地方。语言发育迟缓的儿童会继续依靠暴力来获得所有权，[19]这些孩子被同龄人排斥也不足为奇。与同龄女孩相比，男孩更具攻击性，交流能力发育也更迟缓，在发生所有权纠纷时也更容易诉诸暴力，他们也不太愿意分享。[20]长期以来，儿童心理学家一直在争论男性的攻击性究竟是一种自然倾向还是一种文化刻板印象，但男性语言上的普遍滞后是有生物学根源的。[21]究竟是这种攻击性导致了无法就占有问题进行谈判，还是无法就占有问题进行谈判导致了这种攻击性？尚无定论。

在幼儿时期观察到的一个有趣的转变模式是，支配等级往往是最先出现的，友谊结构紧随其后，利他主义结构则发展得更晚。孩子们学会将所有权作为一种手段来建立自己的社会地位，首先通过武力，其次通过合作，最后通过声誉。"我的"可能是孩子们最早学会使用的一个非常小的字眼，但在一个由所有权主宰的世界，它却是保留下来的最具影响力的词语之一。

那是你的吗

我们面临的许多所有权困境都是因为物品所有者缺席。想象一下，你正在一次漫长且乏味的火车旅行中，没有同伴可以聊天，也没有手机来缓解无聊。此时，你在一个空座位上发现了一本你想读的有趣杂志。决定你能否把杂志拿起来，归根结底是要弄清楚它是谁的。是坐在杂志旁边的那个女人的吗？是刚才坐在那里但在上一站下车的那个人的吗？还是经常分发免费宣传材料供乘客阅读的列车公司的呢？也许是有人在去餐车时，把杂志放在那里占座。这本杂志有没有主人？当你试图解决这个难题时，你的心智理论就会发挥作用。或许你可能不在乎，随意拿起它，但我们大多数人对所有权很敏感，不习惯于因未经允许拿别人东西而冒犯他人。至少，在拿起之前，我们应该先问问旁边那位女士。毕竟她离杂志最近，可能对它有优先所有权。

对于一些不重要的物品，比如杂志，我们可能不会为所有权而烦恼，但对于大多数财产，我们却会为之苦恼：特别是土地，以及那些我们确定能去和不能去的地方。安保人员、大门和栅栏保护着许多禁区，但在其他地方禁令并不明确，非法侵入这些禁区可能会造成致命后果。在美国，无意冒犯的入侵者被房主枪杀时有发生。有时是入侵者喝醉了，有时是他们迷路了，有时是因为他们是外国游客没有意识到房主会使用致命武器保护自己的财产。[22]

与普遍持有的假设相反，在美国，使用致命武器进行家庭防卫并不合法，但在许多州，如果一个人担心自己的安全，射杀非法侵入者则是完全可以接受的。"城堡法则"最初是殖民者带来的英国法律，是指使用武力捍卫财产的权利，可以追溯到17世纪的律师爱德华·科克爵士所写的"一个人的家（房子）就是他的城堡"。

非法侵入可能是无意的。甚至还有一些电子游戏"神奇宝贝Go"玩家，他们在智能手机上跟随GPS（全球定位系统）捕捉虚拟卡通生物时，因误入私人领地而遭到攻击。[23]每年都会有一些倒霉的人被枪杀，虽说开枪者是出于自卫，但实际上是因为被枪杀者没有得到进入这片土地的许可。但个体怎么知道自己什么时候是非法侵入呢？在一些文化中，非法侵入的概念甚至不存在。你必须了解这些惯例，学会解读这些标志，即使它们并不明显。

人们使用标记来划分领土，因为它们是一个人的代言人。姓名、地址、标志和旗帜都可以表示所有权。然而，有时不会通过标记来标识所有权。如果你去参观美国某个国家公园，比如怀俄明州的黄石国家公园，碰巧看到地上有一块有趣的石头，你可能想把它带回家。然而，即使是一个数百万年前地球创造出来的自然物体，就算除了你之外没有其他人知道，你仍然不能将它带走。[24] 现在许多公园都有标识牌告诉游客，不能挪动自然界的东西。你不能从许多国家公园中获得鲜花和石头的所有权，因为在某种意义上，每个人都拥有它们——它们属于国家所有。问题是，你怎么知道呢？一块石头看起来和其他石头没什么两样。所有权制约着我们每一个人，我们必须遵守它，否则就要承担后果。但规则并不总是显而易见的，我们如何获得像所有权这样无形的东西呢？

对于正在发育的孩子来说，建立所有权有两种可行的途径：视觉联系和言语指示。简单的视觉联系会让婴儿在他们经常观察到的人和事物之间产生一定程度的联系。他们每天都看到妈妈在用她的手机说话，所以他们就认为这个物体是妈妈的一部分。用特定的物品识别特定的人，这是一种他们可能在至少12个月大的时候就具备的技能。[25] 然而，建立所有权关系还需要与一定程度上具有排他性的物品进行一些有意的互动。否则，婴儿将会与几乎每一种家居用品产生联系，并与他们每天见到的人进行配对。冰箱、杯子、餐具、电视等不能真正反映专属所有权，在婴儿的小脑袋里存储这些东西会成为一种巨大的负担。确切地说，拥有某样东西并与之互动似乎会引发对所有权的推断。[26]

一旦建立了视觉联系，孩子们就会自发地用与某物体相关的人来口头标记该物体。研究早期语言发展的学者们注意到，婴儿经常会指着手机等与妈妈有关的物体喊"妈妈"，这说明个体很早就意识到物体是个人身份的延伸。这个标记可以被强化和细化以识别物体名称："是的，没错——那是妈妈的手机。"但是，一个正常的孩子是绝不会指着她的母亲说"手机"的。这表明在孩子们两周岁之前，婴儿就理解了人与所有物之间的关系就是所有者与他们所拥有的东西之间的关系。

幼儿不仅用语言来确定谁拥有物品，也用语言来占有物品。当我们听到"这是约翰的"，由于这是一个所有格短语，因此我们就可以知道这个物品是属于约翰的。幼儿也理解到了这一点，但是他们会过度使用这一指令，就好像建立所有权时只需要说："我的！"对18个月大的幼儿同伴互动研究表明，当他们从另一个孩子那里抢夺玩具时，物主代词"我的"是使用频率最高的词。[27] 与独生家庭的孩子相比，非独生家庭的孩子使用物主代词口语的时间更早，使用频率也更高。这表明，当存在潜在的竞争时，孩子们会用"我的"来口头表达他们的要求。[28]

当幼儿到2岁时，他们也可以在所有者不在场时指出物品是谁的。如果给孩子展示一件他的家人的常用物品，并问及"这件东西是谁的"，他们可以用"妈妈"或"爸爸"来回答这个问题。[29] 这种当所有者不在旁边时识别某人所有物的能力看似简单，但如果你仔细想想，这实际上是一个相当大的成就。这说明，所有权概念存在于学龄前儿童的思维中，即使所有者不在场，儿童也能思考所有物属于谁。当所有者与其所有物不在一起时，表征所有者与所有物之间关系的能力是一种概念理解的水平能力，它可以进一步拓宽思维。

通过视觉联系和标记来认识到所有权固然很好，但是当第一次与陌生人和不熟悉的物品接触时，你如何确立所有权呢？而在现实生活中这种情况占大多数。你如何弄清楚火车上的那本杂志是谁的？当涉及对世界的理解时，孩子们会通过寻找模式来建立常规性的规则。儿童心理学家奥利·弗里德曼花了10年时间，专门研究孩子们是如何判断谁拥有什么东西。像福尔摩斯一样，他认为孩子们是直觉敏锐的侦探，他们使用演绎法重现一件物品的过去，以便确定它可能的所有者。为了做到这点，他们运用一套规则来考量什么能被拥有，什么不能被拥有。

什么可以被拥有

想象一下，你在公园里散步，发现地上有三样东西：一个松果、一个旧瓶盖和一枚钻戒。这些物品哪一个是遗失物呢？这对大多数人来说是显而易见的，其中一件东西是天然的，其他两件是人造的。两件制造品中，一件很可能是被人丢弃的，而另一件是别人遗失的。至少从3岁开始，孩子就知道松果是自然的产物，而钻戒不太可能像松果一样容易被拥有。但是，想象一下如果你在别人的桌子上看到了一片叶子，这是属于某人的吗？如果办公室的窗户开着，窗外有树并且是个刮风天，那么与在30层摩天大楼的办公桌上发现同样的树叶相比，你会对这片树叶的所有权得出不一样的结论。[30] 对于前者，可能没有人特意获取这片树叶，而仅仅是风的作用。至于树叶出现在摩天大楼中的情况，一定是有人特意把它放在那里，所以这片树叶可能对他有一定意义。

有计划的努力是所有物产生的一个信号。与许多宠爱孩子的父母一样，我常常被孩子们收集的树叶、树枝、石头和其他天然物品所感动。我们的厨房曾经摆满了我的女儿幼儿时期的艺术作品，在外人看来，这些艺术作品一定更像是歪歪扭扭的破烂，但它们并不是。因为大量精力和意图已经投入这些创作中，正如我的同事梅利莎·普里斯勒所说，谈及艺术，是创作者的意图决定了艺术是什么，而不是创作工艺。正是创作者的意图定义了艺术——孩子们从 2 岁起就明白了这一点。[31]

当我们被要求裁决财产纠纷时，意图、目的和努力都是我们决定所有权的因素，就像法庭对班克斯画作的所有权争论做出判决一样，孩子和不同文化下的人们对所有权的看法也不一样，这没有什么好奇怪的。我们的研究已经表明，与成人一样，学龄前儿童一开始就相信，谁努力创造或获取某物，谁就是该物品的合法所有者。[32] 然而，他们并不关心在创作中使用的原材料属于谁，三四岁的孩子认为，拿其他人的模型黏土去创作新物体是合理的，并且赋予自己所有权，然而成年人更有可能去询问黏土的主人是谁。我们在其他的文化中也发现了对创造性努力的偏爱超过了对物品的最先占有权，而日本成年人除外，他们比英国成年人更可能关注原材料的来源。[33] 相比之下，这说明无论创造性行为如何，日本成年人对占有他人的原材料敏感得多，英国成年人也会考虑劳动是否显著改变了新创造物体的价值。如果一名像班克斯这样的艺术家，通过努力把一块毫无价值的混凝土创作成一件艺术品，那么他就会被认为是该物品的合法所有者，而那些拿着贵重金子制作珠宝的工匠并不会被这样认为。[34] 通过努力和劳动使物品价值相对提高，这被认为是判断所有权归属最重要的因素。

创造某样东西的工作量和工艺会影响我们决定谁拥有这样东西。但如何衡量这种工艺？有一幅杰克逊·波洛克创作的画，它在某些人看来就像是油漆厂发生的一场爆炸，但在其他人看来，他的天才创作使这幅油画价值数百万美元。有些画被认为是涂鸦，而有些则被视为杰作。还有一些作品，在外行人看来像空白的画布，然而卖出了高到离谱的价格。2014年，美国艺术家罗伯特·雷曼的一幅近乎全白的画作以1500万美元的价格售出。[35] 就概念艺术而言，是艺术家的意图决定了一件作品是否值得拥有。

谁能拥有什么

2010年，布雷特·卡尔在佛罗里达州提起诉讼，对其已故母亲留下的遗嘱提出质疑，其母亲留下约1100万美元的资产和资金以照顾她的宠物狗。[36] 一些人不仅把他们的财产留给动物，也留给那些他们想要保存和保护的艺术收藏品、建筑物或土地。很显然，人们可以制订计划把他们的财产留给需要照顾的任何东西。

动物和手工艺品都可以作为继承财富的所有者，这确实很奇怪。即使是小孩子也明白，拥有东西的主体通常是人。在一系列研究中，6—10岁的孩子被问到一系列关于谁可以是所有者的问题，这些问题涉及人类、动物和人工制品。[37] 例如："小宝宝能拥有一条毯子吗？小狗可以拥有一只球吗？沙发能拥有枕头吗？"虽然也有例外，但总的来说，即使最小的孩子也认为只有人类才能成为所有者。然而，如果问题中的动物是宠物，孩子们会赋予他们所有权。我的女儿刚开始养宠物时，她们认为笼子里的各种铃铛和攀爬架都是宠物的，她们已理解所有物是身份的延伸。当我们确立独特的身份时，似乎会将所有权作为身份概念中的一部分。但这仍然有例外，孩子们最初认为人类必须具有意识才可以拥有某样东西。[38] 睡着的人无能力拥有。

这些例外为解答儿童如何确认所有权这个问题提供了线索。成年人认为所有权是个体的一种延伸，无论他处于何种状态——被捆绑、瘫痪、睡眠或昏迷，甚至死者都可以拥有财产，直到他们的合法继承人被确认。这样看来，孩子们把所有权看作对一件事采取行动的能力，它是与生俱来的，也最先激发了婴儿对个人财物的本能需求——控制能力。记住，年幼的孩子认为谁正在与某物互动，谁就是其合法所有者——这点有些像在狩猎-采集部落中观察到的共享需求。但他们仍不明白，一旦确立所有权，除非所有权被转让，其所有者依然保有使用的权利。这就引出了一个未经验证的预测：如果年龄小的孩子知道偷窃是错误的，那么对于小偷继续占有偷窃的物品这类问题，小孩子们会认为该物品的所有权最终会改变吗？

也许你会觉得答案显然是否定的，但美国与英国的法律并不是这样，两国立有逆权侵占法律条例：如果房产使用/占有者连续占有房产一段时间（通常至少10—12年），而房产所有者未提出异议，则该房产的所有权可以合法转让于使用/占有者。也就是说，只要有足够的时间，擅自占用者可以合法地要求获得占有物的所有权。所有权不是永久的，除非你使用你的财产，否则其他人可以把你的所有权夺走。

如果需要进行调查后才能确认所有权，那么最有力的证据之一便是谁可能拥有某一特定物品。刻板印象很早就已出现，而且我们越来越认识到其多么稳固，能造成的影响力有多大。早在3岁时，孩子就会痴迷于识别性别。心理学家卡罗尔·马丁和黛安娜·鲁布尔把儿童比作"性别侦探"，因为他们会寻找性别信息，以此来构建他们对男孩或女孩的概念。[39]他们不仅一开始是性别侦探，还成为"性别警察"。例如，他们坚持认为，只有女孩可以拥有洋娃娃，只有男孩可以拥有玩具士兵，因为这些东西有着对应性别的刻板印象。当然，也总有例外，一些父母试图找到中性玩具，但总的来说，有充分的证据表明，孩子们本身就表现出了早期的偏好。这很可能有生物学基础，无论是人类还是非人类，在可供选择的玩具中，年幼的雌性灵长类动物比雄性更喜欢玩偶。甚至有记录称，年幼的雌性黑猩猩把棍子当作最原始的玩偶，并模仿自己母亲的样子照顾它们。[40]

随着孩子逐渐形成更精细的身份确认模式，包括性别、种族和年龄，与文化背景所界定的群体一样，他们把合适的所有物纳入这些概念之中。[41]像福尔摩斯一样，孩子们运用演绎推理来确定所有权。在一项研究中，要求3—4岁的孩子扮演两个角色，一个男孩，一个女孩，他们分别在玩沙滩球。[42]当被问及谁拥有这个球时，孩子们遵循第一占有偏好原则，认为第一个被看到玩球的孩子是该球的所有者。然而，在第二组研究中，玩耍的物品不再是沙滩球，而是一辆玩具卡车、一个珠宝盒、一个足球装备和一个玩偶。有了这些额外信息，孩子们就会基于所有物的性别固有印象来判断所有权，而不考虑谁先被看到在玩玩具。这些所有物反映了谁会是可能的所有者。

泰迪熊和毯子

随着孩子们学会理解谁的东西归谁所有，他们越来越容易将这些东西（所有物）视为身份的一部分。有一种所有物，年幼的孩子不会分享，且会极力保护，那就是他们的依恋客体——通常是他们从婴儿时期就拥有的柔软的玩具或毯子。当这些东西丢失时，孩子们往往会伤心欲绝。这些毯子有时被称为"安全毯"，因为它们提供了一种安心的感觉，日常生活中，这些"安全毯"通常成为安抚孩子的法宝。本人研究依恋客体已经20多年了，这是一种奇特而又常见的行为，它必然源于我们许多人对熟悉的人或事的一种基本需求。依恋客体是心理所有权最有说服力的例子之一，也是最早的例子之一。那么它源自何处呢？

英国精神分析学家唐纳德·温尼科特称这些安全毯为"过渡

性客体"，因为它们填补了孩子与母亲在心理上的隔阂。[43] 温尼科特认为，婴儿与母亲之间存在紧密的联系，当母亲不在身边时，孩子就会用一种物体来填补这种空虚感，该物体承载了孩子与母亲之间的情感联结。据统计，在西方，对毛绒玩具和毯子产生情感依恋的儿童约占60%。[44] 有趣的是，在远东地区，童年依恋客体现象并不常见，研究报告显示东亚地区依恋客体（毛绒玩具和毯子）较少被使用。[45] 一种解释可以归结为传统的睡眠模式。[46] 在西方，中产阶级家庭通常会让婴儿从1岁左右就开始和父母分开睡，而在传统的东亚家庭，孩子则会与母亲一起睡，一直持续到童年中期（即6—11岁时期）。在西方人看来，这种做法似乎很奇怪，但这只是一种文化。此外，许多东亚家庭，尤其是在人口稠密的日本城市，都住在小公寓里，在那里孩子很难有属于自己的独立卧室。因此，东亚的这种养育方式不仅影响了母子情感依恋，即保持着传统上的母子亲密关系，而且还减少了孩子从所有物中寻求安慰的需要。

当孩子和母亲分开睡时，他们不得不建立一套规则，而那些所有物是建立规则的关键。我的大女儿玛莎，在12个月大时开始在波士顿上幼儿园，因为她的妈妈要重返工作岗位，幼儿园要求我们为女儿的午休提供一条毯子，这就形成了规则，所有的孩子都必须学会在同一时间安静下来。我们为她准备了一条色彩艳丽、五彩缤纷的涤纶毯子。很快，"毯子"就成了玛莎生活中的一部分，直到今天仍然如此。显然，一个物体与个体舒适之间的联系模式很快就建立起来了。在我们的例子中，玛莎2岁的时候就和毯子分不开了，每当她找不到毯子的时候，玛莎就会痛苦不安。

依恋客体也不容易被替代。在一项研究中，我们说服了3—4岁的孩子，让他们相信我们制造了一台可以复制任何东西的机器，比如物体的复印机或3D打印机。[47]我们使用两个带有灯光和刻度盘的科学观察盒子做了一个简单的魔术。把物体放置在一个盒子里，然后通过按一个按钮来"激活"这个盒子。在一阵噪声和灯光之后，打开第二个盒子，会发现一个一模一样的物体。孩子们相信这台机器可以复制任何物理实体，从而做出另一个完全相同的物体。当然，那是因为我们有两个看起来一模一样的物体，还有一个秘密实验者把复制品放进第二个盒子里。我们这么做是因为我们想知道孩子们是否会允许他们心爱的物品被复制，如果会的话，他们更愿意保留哪一个。这一研究模式简单明了。如果被复制的只是孩子们拥有的一个玩具，那么他们不在乎这个玩具是不是复制品，并且会更喜欢新玩具，毕竟这很酷。然而，如果被复制的是他们的依恋客体，他们会想要回原来的那个。就像一件原创的艺术品，即使复制品和真品一样难以区分，人们也不想要复制品。

也许你从来没有过依恋客体。尽管我的小女儿埃斯梅和玛莎在同一个家庭长大，她就没有依恋客体。为什么她没有呢？这类问题父母经常会询问。为什么孩子们会如此不同？这就是对同卵双胞胎和异卵双胞胎的研究如此有价值的地方，这些研究试图梳理出生物遗传和环境对个体差异的影响。最近一项关于双胞胎的研究发现，之所以想拥有依恋客体，一半与基因有关，一半与环境有关——尤其是那些与母亲分开时间较长的孩子。[48] 我的研究生阿什莉·李正在研究成年人的依恋客体行为，她碰巧是同卵双胞胎中的一个。她从来没有依恋客体，而她的妹妹蕾切尔却有。据她们的母亲说，蕾切尔还是个婴儿的时候，因为感染不得不住院几个月，这样她与家人分开了一段时间。也是在那段时间她开始与物体形成依恋关系。

与无生命客体形成这种关系一开始可能只是简单的习惯，但很快就会发生非常不同的变化。许多孩子表现得好像他们的依恋客体是有生命的，给它们起名字，并且还担心它们是快乐还是孤独。他们自发地与依恋客体互动，就好像它们也有自己的思想。在心理学术语中，他们把依恋客体人格化，或者把它们当作人来对待。我和我的同事塔莉娅·杰瑟索一起测试了孩子们是否相信这些物体也有精神生活。[49] 我们给他们看一张动物的图片或其他孩子的玩具图片，并告诉他们，当把动物放在盒子里时，它会感到孤独，而把玩具放在盒子里，它只会布满灰尘。然后我们问孩子，如果我们把他们的依恋客体留在盒子里，它会怎么样。孩子们回答说，虽然其他玩具只是可能会被弄脏，但他们的依恋客体更像动物，会觉得悲伤。

你可能会认为孩子们长大后会摆脱这种行为，但很多孩子不会。阿什莉调查了那些仍然有依恋客体的学生。我的女儿玛莎现在24岁了，但她仍然有小毯子。他们会愿意破坏依恋客体吗？我们不能要求成年人破坏他们的所有物，所以我们用了一点小手段来代替。让他们剪碎他们童年玩具的图片，同时测量他们的皮肤电反应，这基本上能反映他们出多少汗。这是测谎仪用来测量紧张的方法之一。尽管他们知道他们心爱的东西不会受到潜在的伤害，但剪碎照片的行为太具有象征意义了，以至他们会焦躁不安与痛苦甚至变得激动。[50] 这是因为他们与其依恋客体已有情感上的联结。

每年，我都会从布里斯托尔大学招募学生来参与我们的实验与研究。当我问他们有关依恋客体的问题时，我总是看到他们困惑的面孔和傻笑，他们对其个人生活中这一特殊方面感到害羞。我们发现，通常大约2/3的学生记得童年时拥有过特殊的玩具，其中大约1/2的学生将玩具保留到大学。显然，这些都是人们出于情感价值而不愿丢弃的情感所有物。

全国各地的成年人都能发现他们的伴侣在枕头下或抽屉里塞有脏毯子和破旧娃娃。这是一个许多人羞于承认的癖好，而有些人则要坦然得多。我和许多成年人谈过，他们很乐意谈论他们与童年依恋客体之间的情感关系。有时他们的直言不讳确实让人尴尬。我曾经在一个晚宴上谈到过这项研究，其中一个女性来宾，在喝红酒之后更愿意吐露心声，承认男朋友回来之后她总是让她的泰迪熊面向卧室的墙壁。她表示，她对泰迪熊可能会看到什么感到太尴尬了。

情感所有权对人类来说很常见，但在野生动物中并不常见。我们可以让野生动物在情感上依恋于无生命的物体，但前提是你必须让它们离开自然环境。20世纪60年代，美国心理学家哈里·哈洛进行了一项因违背实验伦理而备受争议的研究，他将刚出生的恒河猴与其母亲分开进行饲养，给它们提供了用铁丝做的"代理"的母亲，这些代理母亲要么覆盖着柔软的毛巾织物来模拟动物皮毛，要么是铁丝裸露在外的带喂食器的笼状物。[51] 他试图证明，小猴子会对作为食物来源的母亲还是提供抚慰的母亲产生情感依恋。研究表明，当猴子感到痛苦时会依附在毛茸茸的母亲身上，它们会从这个代理母亲那里寻求安慰，这表明灵长类动物的依恋主要是出于情感上的安全需要，而不是为了食物。通常情况下，在野外，母子总是形影不离的，所以灵长类动物没有必要做出选择。

然而，已有研究证明被圈养的动物会自发地对所有物产生依恋。正如许多养狗的人发现的那样，宠物狗会像人类婴儿一样对玩具产生情感依恋，尤其是当它们与母亲分开时。但是，这一行为并不源于它们的祖先——狼。这种行为是狗在人类漫长的驯养

图3-2 狗会对无生命的物品产生情感依恋
图片来源：由乔·贝纳姆提供。

过程中产生的，众所周知，驯养过程会导致动物的保幼化——增加了依赖的时间和程度，所以对所有物的依恋可能是这一过程的副产品。但另一方面，儿童几乎完全依赖他人。我们是依靠别人长大的，我们还花费一生积累财富，相信对物品拥有所有权是幸福的根源。心理所有权是社会进化的结果，在社会进化中，我们对重要的事物形成情感依恋，包括人和所有物。

超越简单的占有

我们已经在与所有物的关系上确立了人类区别于动物的独特之处。许多动物会为获得所有物而争斗，但人类进化出所有权的概念，是为了在我们不在现场的时候建立控制权以及表明我们是谁。就像艺术一样，概念是在思维中产生的，但当涉及所有权时，因为它是一种社会公认的惯例，我们需要学习规则。虽然所有权的规则可能不是透明的，但个体从小就意识到了占有的需要。当有人试图拿走婴儿的东西时，婴儿会哭闹表示抗议，但这只是被剥夺权利的一个简单反应。所有权更多的是与个人身份和不违反规则有关。

首先，所有权集中在实物上，虽然父母也可能被认为是婴儿的所有物，因为婴儿希望对父母享有独占权。对土地和思想的所有权在某种程度上更为复杂，出现的时间要晚得多，甚至是成年人也会为此困惑。孩子们似乎首先会确定重要的人，比如家庭成员，然后用他们所拥有的东西来精心制作他们的心理相册。我们从身体和心灵推断所有物的观点与这本书的一个主要主题是一致的——所有权代表了自我概念的延伸。如果这是真的，那么我们的自我感会因自己成长的社会环境而不同。我们能够拥有什么，取决于我们与他人共享且相互认可的所有权约定。这些规定并不是一成不变的，而是随着时间的推移和文化的不同而改变。

当发生财产纠纷时，确定所有权归根结底就是确定谁有最大的权利，但主张权利的力度取决于一个社会最看重的是什么。在西方社会，我们强调对个体的关注，往往偏向于那些能够通过优先占有或独占权行使最大控制权的人。在其他相互依赖程度更高的社会中，正如共享需求的狩猎－采集社会传统所证明的那样，这些因素不会被认为是最重要的，因为需求和共同价值发挥着更大的作用。无论孩子们在哪里长大，他们都必须学习社会的适当规范，否则就会面临被排斥的危险——一种必须不惜一切代价避免的情况。

我们的身份是社会建构的，这包括我们对所有权的态度。在遥远的过去，我们所在的社会群体可能是相当有限的，但是，随着我们越来越被迫在一个资源有限、面积有限的星球上以越来越大的密度生活在一起，如果要避免最终的公地悲剧，这种自我认同不得不重新调整，以满足多数人的需求。要做到这一点，我们需要教育我们的孩子建立一套所有权价值观，以抵制不受约束的自私自利。我们要接受的最重要的价值观之一是与他人共享，这与我们的竞争本能相冲突，但对我们的合作生活至关重要。和所有权一样，共享也经历了相当大的发展和文化差异，这是我们接下来要讨论的内容。

第4章　只是关于公平

美国人更愿意生活在瑞典

不患寡而患不均。

——孔子

谈到贫富差距，生活似乎是不公平的。由于世界贫富差距达到惊人的程度，巴拉克·奥巴马在他整个总统任期内，始终强调经济不平等是"我们这个时代最典型的问题"。2015年，瑞士信贷银行的一份报告显示，全球1%的人口拥有全球50%的财富，而70%的人拥有全球不到3%的财富。[1] 近些年，美国的贫富差距持续稳步扩大。2012年，一家有代表性的公司其CEO的收入是其普通员工的350多倍，而在两代人之前，这一收入差距仅为20倍。[2]

当看到这些数据的时候，你可能会认为第二次美国革命早该来临，但事实是大多数美国人更偏向于接受财富的不平等。在一项针对 5 000 多名来自不同财富阶层的美国成年人的研究中，研究人员向参与者展示了三个匿名的饼状图，这三个饼状图分别反映了美国和瑞典真实的财富分配情况，以及一个财富平均分配的虚构的国家。[3] 虚构的国家的饼状图被分成五等份，分别显示该国每 20% 的人口所拥有的财富。然后，请参与者想象移居到其中一个国家，并被随机分配到图中其中一组。他们更喜欢住在哪个国家呢？研究发现，很少有人选择那个平均分配的虚构的国家，同时他们也不愿留在自己国家，因为他们没有认识到美国饼状图的总体失衡代表了美国的实际财富分配。相反，瑞典饼状图显示，90% 的美国人表示他们更愿意住在瑞典，因为与美国的不平等相比，瑞典的财富分配要均衡得多。这种对某种程度不平等的偏好并不仅局限于美国人。在 2018 年的一项针对另外 5 000 名成年人的网络调查研究中发现，当参与者有机会扮演英国民间传说中劫富济贫的绿林好汉罗宾汉时，大多数美国人和德国人都不愿意为了将财富重新分配给穷人而从富人手中夺走钱财。[4] 很明显，我们期望并偏爱生活中的财富不平等。

但我们不是一开始就接受了不平等。一些简单的实验表明，早期人们不仅对不平等现象很敏感，而且讨厌这种现象。即使是 15 个月大的幼儿也会对饼干没有被平均分配给两个受赠者而感到惊讶。[5] 蹒跚学步的孩子其实也知道应该在三方之间平分，尽管他们仍然会把大部分食物留给自己。[6] 当有奇数份食物分配给两个受赠者时，6—8岁的孩子宁愿放弃最后的那份食物，也要保证每人得到同等份额。[7] 并且与表现出不平等偏爱的人相比，孩子们也更喜欢那些平等分享的人。[8]

心理学家克里斯蒂娜·斯塔曼斯指出，证明儿童讨厌不平等的研究发现与成年人宁愿生活在不平等社会的研究证据并不冲突。其实，让人们惴惴不安的不是财富分配的不平等，而是这种分配是否公平。[9] 这是因为公平和平等不能相提并论，那些声称表现出追求公平的自然倾向的研究通常会认定接受者有同样的资格获得奖励。假如你将资源均分，而无视其中有人勤奋、有人懒惰，这显然是不公平的。当考虑到努力的差异时，实验室的研究才更贴近现实生活。孩子们认为在打扫卫生任务中，越努力的孩子得到的奖励越多，这才是公平的，[10] 他们认同绩效奖励。

公平意识也解释了人们对财富分配的态度。资本主义国家的大多数居民之所以对不平等的经济分配状况感到满意，是因为他们认为努力工作的人应该比不努力工作的人得到更多的报酬。精英体制是资本主义意识形态的核心，如果你努力工作，就会成功，并且能够从自己的劳动成果中受益。如果公民对现状不满，那不是因为不平等本身，而是因为他们认为分配不公平。从最富有的人到最贫穷的人，每个人都希望看到更少的不平等现象，但又不是一个完全平等的社会。

持有这种公平观点产生的一个问题是，就像我们无法准确估算其他人的薪水一样，我们无法准确估算资源的实际分配情况。当上述研究中更喜欢瑞典而不是美国的同一组参与者被问及什么样的分配在他们心目中是公平的，并对美国的真实财富分配情况进行估计时，[11]受访者认为，如果前20%的人拥有国家财富的1/3左右，而后20%的人拥有国家财富的1/10左右，那么生活将是公平的，在估算美国的实际财富分配时，他们准确地猜测到，与最贫穷的人相比，美国最富有的20%的人拥有美国大部分财富，但他们严重低估了这种不平等的程度。事实上，最富有的20%的人拥有全美大约84%的财富，而最贫穷的20%的人只拥有全美0.1%的财富。显然，人们对平等和公平的感知比实际情况要更乐观，导致这种错误感知的原因之一是人们普遍相信"美国梦"。

美国梦是一个基于精英统治的梦——人们的努力将会得到应有的回报。如果事实如此，那么据此推断，任何人只要足够努力都可以成功。这导致了社会流动性假设，即任何人都可以达到社会顶层，并且应该因他们的努力而得到回报。人们更喜欢不平等的社会，因为假如失去了追求成功的动力，那么没有人会付出努力去改善自己和孩子的生活。[12]如果你付出所有的努力却得不到任何收获，那为什么还要自找麻烦呢？公平原则很好地解释了美国对不平等的普遍容忍，以及与瑞典等国相比，为什么美国民众更不支持通过向富人课以重税来重新分配教育资源或财富。[13]只要我们处于金字塔顶端，我们都希望生活在更公平的社会中。英国或许没有同样的英国梦，但收入不平等依然存在。英国有比美国更好的社会保障系统，尤其是在免费福利和国家卫生服务方面，但同样地，收入最高的10%的人拥有英国总财富的45%左右，而收入最低的50%的人只拥有全英财富的约8%。

精英理想在一定程度上解释了现代政治右翼的崛起和唐纳德·特朗普的吸引力。尽管许多评论员认为，特朗普之所以能当选总统是因为他获得了社会最贫困阶层的经济抗议投票，但正如我们在第1章中看到的那样，经济不平等并不是民粹主义在政界兴起的唯一因素。事实上，很少有政客像唐纳德·特朗普那样享有特权和财富，但是许多在经济上被剥夺了权利的选民仍然投了他的票，因为他们认为他是美国梦的产物——一个白手起家的人。另一方面，他的对手希拉里·克林顿代表着当权派，其丈夫是美国前总统。尽管克林顿所代表的民主党传统上提倡更平等的政策来分配财富，并且这些财富的分配本应有利于社会中最不富裕的人，但许多最贫穷的人对这种特权从一个统治政府延续到下一个统治政府感到不满。他们认为自己的经济困境是由于精英阶层掌控了使他们处于从属地位的体制，他们想夺回关乎自己生活的所有权和控制权。

右翼政客是否会创造一个更美好的世界将由历史来告诉我

们，但有一件事是明确的：正如当前的政治动荡展现出来的那样，人们并不总是按照自己的最佳利益行事，而是基于原则做出决定。这一观点对于所有权问题尤为重要。如果所有权是通过对资源的排他性控制以确保个人能够飞黄腾达，那么，社会所认可的可接受的所有权不平等，就包含一个很强的道德成分。如果个人的财富是应得的，我们可以接受不平等，但由于生活不是一个公平的竞技场，因此所有权本身天生就不公平。

我们每个人都或多或少受益于我们的祖先和亲戚，受益程度取决于他们是谁。这种传递不仅包括财富的继承，还包含基因的传承。也许一个努力工作的人本来就比其他人拥有更好的身体条件让他可以努力工作。我们的一些顶级运动员报酬丰厚，但是如果他们生来就具备如此天赋，这种分配还公平吗？如果一个人天生具有计算天赋，那么他是否应该得到比其他人更高的薪水呢？除此之外，人生中还会有一些我们无法控制却能改变我们生活的事件，比如财富机遇和意外之财，或者厄运和天灾。我们如何应对由于生活中的随机事件而导致的财富不平等？作为个体而言，我们必须决定什么是公平和公正的，但如何决定呢？

所有权造成了不平等，并通过继承特权的优势，使社会中的不公平得以永久化。但它也赋予个体权利，让他们能够与那些拥有较少资源的人分享资源，因此，可以通过道德罗盘引导我们慷慨地纠正所有权造成的失衡。与竞争本能相反的是，人类也可以对陌生人非常友好，但是如果生活本身就是一场竞技，人们为什么会表达出这种友好呢？为了更好地理解这一点，我们转向行为经济学领域，以揭示随着道德感知和公平竞争意识的不断发展，我们如何决定自己的慷慨行为。

独裁者博弈[①]

尼古拉斯是个独裁者，他不是法西斯政权的领导人，也不像希特勒或墨索里尼那样发表尖锐的民族主义言论。毕竟，他只有7岁。但是他是主宰者，因为他有权决定自己保留下什么——在这个例子中，选择对象是一些闪亮的动物贴纸。

尼古拉斯刚刚参加了一项研究，他谈到了自己的朋友，而我的研究生桑德拉·韦尔齐恩根据他的描述画了一幅画。采访结束后，她感谢尼古拉斯能够抽出时间参加，作为回报，他可以从一袋礼包中挑选6张贴纸带回家。在他选了6张最好的贴纸后，桑德拉告诉尼古拉斯，他可以把选好的贴纸全部带回家，也可以把其中的一部分装在空白信封里分享给下一个来到实验室的孩子。当然这完全由他自己决定。尼古拉斯真的很喜欢这些贴纸，并很

[①] 独裁者博弈（Dictator Game）是一个经济学实验，也用于心理学中对人的利他倾向的研究。游戏中一人扮演独裁者，他将获得一笔钱，并决定将多少钱分给另一人。最多可以将所有钱给另一人，自己没有任何收益；最少可以不给，自己获得全部的钱。另一人只能被动地接受独裁者的分配方案，不能采取任何行动。——编者注

想将它们全部带回家，这种情况下他会怎么做呢？

尼古拉斯和母亲离开后，桑德拉打开信封，把三张闪闪发光的贴纸倒在桌子上。尼古拉斯为什么要把他一半的贴纸给别人？毕竟，就算他把贴纸都拿走也没有人会知道，而且他也不认识那个会收到贴纸的孩子。研究表明，当孩子到了七八岁的年龄，尽管他们不认识受赠者，在被要求分享时，大多数孩子仍然会选择进行分享。是因为他们知道必须分享，还是他们认为这样做是正确的呢？为什么我们要分享或帮助他人？是出于我们内心的善良，还是有其他动机？

2017年，美国人向慈善机构捐赠了2 500亿美元，而英国人捐赠了100亿英镑。[14] 就慈善捐赠而言，人们并不期望得到回报。但如果不是纯粹的利他主义，为什么人们要分享和赠送他们的资源？从"道德哲学之父"苏格拉底开始，一些最伟大的思想家一直在思考这种善意的行为。对它的思考不断出现在人文、科学和神学领域，但这种无私的慷慨并未在经济理论中占据核心地位，因为从纯粹理性的角度来看，它是不合逻辑的。并且这种慈善理念与受到约翰·斯图尔特·密勒和亚当·斯密等思想家影响的"古典经济模型"很难调和。

亚当·斯密在《国富论》中写道："我们期望的晚餐并非来自屠夫、酿酒师或是面包师的恩惠，而是来自他们对自身利益的关切。"换言之，人类的行为是遵从理性的，通过尽可能少地贡献自己的资源来最大化他们所能得到的东西。他们受商业的驱使，低买高卖，只要适应买卖双方需要的市场存在，那么就像之前讨论所提到的，亚当·斯密所描述的这只"看不见的经济之手"就会引领人们走向繁荣。这种总是理性操作的理想化消费者被称为"经济人"，这种人完全是为了实现自身利益的最大化而进化的。[15]

讽刺的是，经济人的主要问题在于所有权。这是因为我们做出的所有权决定表明，我们中的大多数人未能实现自身利益的最大化，而且在评估事物的价值时，可能会违背我们的最佳经济利益。人们倾向于高估某些物品的价值，如个人财产或与重要的人相关的物品，这些我们将在后面的章节中讨论。然而，对经济人来说，更成问题的是慈善和慷慨。即使面对没有回报的机会，人类也会经常将资源赠予他人。当我们看到需要帮助的人时，我们会施以援手。就像尼古拉斯把自己的贴纸送给不认识的孩子一样，我们经常善待陌生人，但这与经济人的商业原则背道而驰。

如果我们的经济动力是实现自我利益最大化，而我们的生理需求是以不可避免的代价复制我们的基因，如果生活只是一场竞争，那么为什么还有利他主义呢？为什么世界上到处都是慷慨的人和善良的行为？慈善机构为什么会存在？是什么激励人们变得善良？为了解决这些问题，我们需要从生物学中寻找答案。

礼尚往来

正如我们所看到的，生物学可以解释一个人对他人的慷慨行为，尤其是对那些有亲属关系的人。亲缘选择预测我们更有可能帮助我们的亲戚，因为他们携带着我们不同比例的个体基因，但这不是唯一的机制。亲缘选择的问题在于，我们经常做出与遗传相关性无关的亲社会行为。例如，很多人献血，即使他们永远不知道谁是接受者。帮助一个和你没有共同基因的完全陌生的人会有什么好处？

一种答案是共同受益。合作是社会物种的主要特征和优势之一。通过合作，我们的祖先学会了捕猎猛犸象这样庞大的动物，单靠一个猎人是无法轻易杀死它们的。其他的群居动物也体会到了相互合作的好处。狼和其他群居捕食者合作捕捉比任何个体成员都大的猎物。黑猩猩以群体捕猎的方式追踪和捕捉红疣猴以获取肉类。活泼的疣猴行动迅速，除非被多只黑猩猩一起追赶逼到墙角，否则很难抓住。有时由于猎物很小，数量很多，所以群体行动更有效率。这一合作努力中最不寻常和最引人注目的例子之一是座头鲸的"气泡网"捕鱼。它们绕着鱼群游来游去，通过气孔吹出气泡来迷惑和围住鱼群，然后每条鲸鱼轮流游到队伍的中心，吞食聚集起来的猎物。

为了实现一个共同的目标，所有这些狩猎的例子都需要有协调一致的行动。即使动物们不需要通过合作狩猎获得奖赏，它们也会分享食物。以南美洲吸血蝙蝠为例，吸血蝙蝠必须至少每48小时就要吸食其他动物的血，否则它们就会饿死，但并不是每只蝙蝠每次都能成功狩猎。当这种情况发生时，其他蝙蝠会反刍血液来帮助它们的邻居，虽然这不符合亲缘选择所要求的亲缘关系。

这种利他主义看似是一种慈善行为，但实际是一种获取利益的策略。蝙蝠会追踪那些过去帮助过它们的同类，并在它们需要食物时给予优待。对关在动物园里的蝙蝠的研究表明，被实验人员故意隔离和挨饿的蝙蝠个体，如果它们之前曾向其他蝙蝠捐献过血液，就会从邻居那里受益，而那些未帮助过同类的蝙蝠，当它们自己需要食物时，往往会被排斥。[16] 这种"互惠的利他主义"是一种进化的策略，以帮助个体度过困难时期。

在人类历史上，互惠的利他主义是生存的必要机制。进化心理学家迈克尔·托马塞洛认为，人类道德的起源来自我们分享合作成果的能力。[17] 这种合作源于相互依存，相互依赖。在我们进化的过程中，早期人类发现了"众人拾柴火焰高"的道理。我们相互依赖，因为合作对我们更有利，我们认识到放弃某些个人目标以通过合作获得更大回报更符合我们的利益。

互惠的利他主义必须建立在密切关注哪些人知恩图报、哪些人又虚情假意的基础上，否则，吃白食的人将成为群体的主宰。

在所有权问题上尤其如此,我们需要牢记谁拥有什么,以及哪些人亏欠于我。这一准则同样受到愤怒情绪的驱动,因为我们似乎对打破既定规则的人尤其敏感。与其他物种保持联系需要一个社会性的大脑,这在物种中是很典型的,这些物种不仅在小群体中相互合作,共同生活,而且要花很长时间抚养后代。漫长的童年给孩子提供了充分的机会,让他们了解谁是帮手和谁是骗子。再看一下吸血蝙蝠,它是一种特别的群居动物,平均要花9个月时间抚养幼崽,而其他种类的蝙蝠幼崽通常一个月就独立了。这种延长的童年期也适用于形成持久社会关系的其他物种,以提供学习机会来区分群体中的其他成员以及学习如何做出互惠互利的行为。这可能就是为什么社会性动物会花很长时间为彼此梳理毛发;吸血蝙蝠也是如此,它的梳理时间是其他蝙蝠种类的14倍。[18]这种梳理不是滥交,而是选择性地针对那些曾经表现出互惠行为的同伴。人类和其他灵长类动物也是如此。对曾经为它们梳理过的同伴,黑猩猩梳理毛发的时间更长,次数也更多。[19]梳理毛发是一种"礼尚往来"的原始互动行为。

道貌岸然的伪君子

如果幼儿意识到公平的重要性并期望他人公平,那么,代表他们欣赏公平原则,期望他人公平行事,却没有在自己的行为中表现出来,这似乎是虚伪的。他们从婴儿期就认识到公平,但直到六七岁时,他们仍只在被要求时去分享,从那时开始这便成为习惯。然而,在许多方面,年幼的孩子比年长的孩子和成年人更诚实。成年人通常认为自己是公平的,但当潜在的回报很高时,我们大多数人都是伪君子,我们认为自己的不公平选择不会被发现。在一项研究中,成年人被要求完成两项任务:一个有潜在回报,另一个没有。大多数人(70%—80%的人)在可匿名做出决定的情况下,把回报丰厚的工作交给了自己。[20] 避免痛苦或惩罚也是如此。即使成年人被告知,分配工作最公平的方式是抛硬币,也只有大约一半的人选择这样做,其余的人表现出同样的自我偏好,选择最好的工作或避免与电击相关的任务。更值得注意的是,在同意抛硬币决定工作的人中,90%仍然选择了最好的工作。他们想要表现得公平,但当他们认为自己不会被发现时,便会欺骗。

有很多方法可以控制我们的自私行为,尤其是当注意力被自己吸引的时候。例如,仅仅照照镜子就会迫使成年人进行自我反省,研究表明这也可以减少考试作弊的行为。[21] 这种对道德镜像的自我关注,其效果与一些经典研究的结果一致,这些研究表明,在万圣节晚上把一碗糖果放在镜子前时,孩子们拿走的糖果往往会少一些。[22] 当我们认为自己被别人关注时,我们往往会表现得举止得体。如果对暴露的恐惧控制了我们的越轨行为,那么拥有全能上帝的宗教可能会起到促进道德行为的作用,这正是因为追随者认为他们的行为总是受到关注。[23]世界上大多数的宗教在其教义和实践中都提倡亲社会。人们普遍认为,宗教会培养善良和慷慨,基督教中"好撒玛利亚人"①的寓言就是一个例证。

这种宗教道德观存在的一个问题是,尽管存在刻板印象,但很少有证据表明信教的人比不信教的人更慷慨。[24]的确,许多宗教都做一些帮助不幸者的活动,但这种有组织的利他主义并不一定在信徒的日常生活中起作用。此外,在独裁者博弈游戏中,宗教玩家和非宗教玩家的慷慨程度也没有区别,除非宗教玩家以微妙的方式想起了上帝。例如,如果要求他们解读含有"神灵""神父""上帝""神圣""先知"等词的句子,那么他们就会慷慨解囊。[25]甚至环境线索也会起作用,马拉喀什市场上的摩洛哥商人在听到穆斯林祈祷的声音时,更愿意向慈善机构捐款。[26]但这种慷慨并不局限于宗教人士:当人们通过"公民""陪审团""法庭""警察""契约"等词语的微妙暗示,想起世俗的平等理想时,每个人都会变得更加慷慨。[27]这些研究告诉我们,孩童时期就有的自利本性遗留了下来,但通过微妙的暗示,我们可以变得更加亲社会。

即使人们在某种情况下是善良和慷慨的,也不是任何情况都这

---

① 好撒玛利亚人:引自基督教文化中一个著名故事,讲述的是一个好心的撒玛利亚人摒弃教派偏见,救助犹太人。西方后以此指代"好心人"。——译者注

样。这种伪善被称为"道德自我许可",即个体在一种情况下表现出道德行为,然后在另一种情况下却表现出不一致的行为。[28] 由于过去的善行让这个人感到安慰,因此他可以去从事非道德、非伦理或其他有问题的行为;如果没有曾经的善行,他们会因为害怕有不道德的感觉或表现而避免做出这些行为。那些自愿在教堂募捐活动中帮助过穷人的人,可能之后就决定不向其他慈善机构捐款。当被要求描述自己积极或消极的道德品质时,那些自称更慷慨的人向慈善机构捐得更少,而那些反省自己有多糟糕的人则捐得更多。[29]

在社会上,尤其是在捐款方面,被人认为慷慨大方也有好处。每个慈善家都有以他们姓名命名的建筑、奖项、奖金、赠款、公共设施等。有一些捐赠者是匿名的,但总的来说,大多数捐赠者(及其家人)都以这种公开承认为荣——当然,除非其他人认为这些捐赠来自不义之财。想想关于爱德华·科尔斯顿的争议吧,他是17世纪英国布里斯托尔的商人和慈善家,靠奴隶制发家致富。布里斯托尔到处都是以他的名字命名的教堂、学校、展厅和机构。但不久之后,许多布里斯托尔人认为这些捐赠是虚伪的,并成功地游说让这些机构重新命名,以切断与科尔斯顿的联系并否认他的遗产。

假设你的财富来源和意图是正当的,分享东西能让你建立和加强社会联系。这表明你是一个善良、慷慨、善解人意的人,是一个全面的好人。没人喜欢守财奴或囤积狂。无论是来自宗教教义还是长者的智慧，我们都被警告要警惕贪婪、妄想、嫉妒以及与追求物质财富有关的各种负面情绪。许多父母不断提醒他们的孩子要学会分享，因为这会让他们更受欢迎，更容易被社会接受，不这样做可能会招致惩罚和排斥。

赏罚分明

当然，公平的另一面是，当有人试图利用它时，我们似乎随时准备好施以惩罚。我们不仅对那些不分享的人保持警惕，而且准备好抓住时机惩罚他们。想象一下下面的场景。如果没有任何附加条件，你也不需要做什么，你愿意接受 10 美元吗？你为什么要说不呢？现在再想象一个不同的场景，我给其他人 100 美元，他们可以自己留一部分，但前提是他们必须和你分享。至于他们是否能给自己留一些取决于你，因为你最终控制了结果，因此这个场景被称为"最后通牒博弈"。如果他们给你 10 美元，给自己留 90 美元，你会接受这个条件吗？

你的答案取决于你认为对方是谁，以及你来自哪里。研究者在 15 个小型人口规模的社会群体中进行一项规模宏大的最后通牒博弈的研究。[30] 参与者的反应各不相同，因为在博弈中，当对面是一个陌生的西方人在提供金钱时，他们试图将其与自己文化中类似的情况联系起来。在太平洋美拉尼西亚群岛的送礼社会中进行最后通牒博弈时，分享者平均会拿出超过一半的钱。但即使是这么慷慨的数额也可能被拒绝，因为在这种习俗下，接受礼物，即使是主动送来的礼物，都意味着在未来的某个时刻需要有强烈的回报义务。换句话说，"这样做又有什么好处？"与之相反的是，在最后通牒博弈中，坦桑尼亚的非洲狩猎采集者哈兹达部落通常拿出的金额较少，却同样遭到很高的拒绝率。因为这些人生活在与世隔绝的社会中，很少与外人或陌生人合作、分享或交流。

在西方文化中，大多数参与这项博弈实验的成年人会提供近一半的钱，很少有人会接受低于20美元的出价。即便机会只有一次，人们仍然会拒绝10美元的出价——为什么？在这两种情况下，就算什么都不做也能得到同样多的钱，但有一半的受访者认为在第二种情况下，得到低于总数20%的报酬是不公平的。脑成像研究表明，这在很大程度上是一种情绪反应，因为看到对方低额出价与被厌恶等负面体验激活的区域有关。[31]我们感受到不友好，是因为我们宁愿自己付出代价去惩罚别人，也不愿意什么都不用做就获得报酬。

最后通牒博弈显然是一个假设的场景，但它确实揭示了一些关于人性的深刻含义。它对无私奉献以及"经济人"的概念提出了挑战，因为拒绝别人的帮助既不是善良的，也不是自我利益最大化的。利他主义者不应该关心报酬是多少，因为拒绝不会让任何人受益，而经济人应该接受任何金额的报酬，因为有总比没有好。

拒绝低额出价的原因不是经济上的，而是心理上的。当最后通牒博弈的分享者是一台电脑，人们会接受其提供的任何金额。[32] 我们似乎只在对方是人类的时候很敏感，这就是为什么它可以让我们对公平心理有所了解。此外，在另一个版本的博弈实验中，提议者可以保留任意金额的钱并且知道接受者不能否决他们的提议，但他们仍然倾向于与对方分享。这表明，我们的行为是由公平原则引导的，这一原则适用于人，但不适用于机器，也很少适用于动物。就像黑猩猩在参与最后通牒博弈实验时，很乐意接受任何金额的报酬。[33]

互惠是一种与他人分享并惩罚那些违反公平原则者的倾向。还记得公地悲剧吗？它解释了为什么自私的个人会威胁所有人的未来。能否利用报复和畏惧惩罚来威胁那些私自取用比别人更多共享资源的人，从而解决公地悲剧的难题？哈佛大学数学生物学家马丁·诺瓦克认为，报复既不常见，也不是解决公地悲剧难题的最佳方式。当我们认为其他人在现实生活中作弊时，我们可能会果断退出并拒绝合作。诺瓦克发现，解决公地悲剧难题的最好方法是沟通、奖励和所有权并用，而不是惩罚。

公地悲剧的问题是，我们很少有机会亲自惩罚他人。事实上，识别那些在公共资源上作弊的人并不容易。我们可能会讨厌作弊并且感到愤怒，但他们是谁呢？你知道谁在偷税吗？这不是人们会轻易承认的事情。基于这些原因，诺瓦克认为，人们常常被共同的利益激励，而鼓励这种兴趣的最好方式是奖励他们的贡献，并赋予他们一种主人翁的责任感。的确如此，要通过强有力的法律手段来惩罚骗子，但要用名誉的力量来奖励合作的人。被人认为是一个具有团队合作精神的人会在我们大多数人身上产生积极的动机，这反过来又意味着：我们会更受别人的喜欢，我们不太可能越轨。诺瓦克在他所著的《超级合作者》[34]一书中提出，奖励生产力更高的汽车工人比处罚生产力落后的工人更有效。一个促进共同努力的更强大动机是共同所有权。当我们相信一起努力能实现一个共同目标时，我们就更有可能分享。

在第1章中提到，当我们考虑到政治民粹主义的崛起时，提示我们报复的机会到来了。我们可能不会经常有机会去惩罚特定的人，但我们可以通过投票表达自己的愤怒。[35] 2016年，耶鲁大学心理学家莫莉·克罗克特在《卫报》上写道，人类在这些经济游戏中的行为可以帮助我们解释为什么英国社会中最不富裕的人都投票支持英国脱欧，尽管他们被警告他们将遭受最严重的负面后果。在公投时，有太多虚假的和不确定的信息在传播，以致选民从来没有真正了解什么是最佳结果，并在此基础上做出明智的决定，而且即使他们了解了，很多人仍然宁愿投票支持一个自己认为会伤害当权者的变革。他们本没有什么可失去的，相反，这样做让他们有机会表达对失望体制的愤怒。其他脱欧选民认为，他们正在失去对国家的控制，并对他们认为的主权和传统价值观的丧失感到不满。这两种人都想表达他们的愤怒。

这种自我表达的需求可以通过最后通牒博弈中的行为来进行预测。那些最有可能拒绝对方出价的人也赞同诸如"我不希望有人干涉我的事情"和"我不喜欢有人把意见强加给我"这样的说法，这显然与脱欧派表达的情绪如出一辙。[36]值得注意的是，表达愤怒的意愿是如此强烈，以至在一个被称为"有罪不罚博弈"的游戏实验中，尽管提议者不会因为出价被拒绝而受到惩罚，而是可以保留他们的收益，接受者仍然会拒绝对方的出价。[37]换句话说，如果我只出价10美元而不管你的决定如何，我可以保留90美元，在这种情况下，接受者们依然会拒绝这个出价——即使这个决定不被其他人所知。人们更愿意保持自己的正直。

这项研究对政治领域的启示是，如果英国脱欧派的意见得到尊重并倾听，而不是被斥为无知或愤恨，所有这些被压抑的怨恨本来是可以避免的。最后通牒博弈也表明，如果接受者能够向提议者表达他们的愤怒，那么低报价更有可能被接受。[38]即使他们的沮丧和愤怒没有传达到提议者那边，只是简单地传给其他人，只要每个人都知道他们不会轻易受人摆布，那么接受者更愿意接受嘲弄性的提议。[39]给人们抱怨的机会就足够了，即使这是无效的，因为它重构了一种控制和决议的错觉。沟通是解决分歧的关键，而不是报复。

莫莉·克罗克特在她的文章结尾严厉警告说，在预测人类行为时不应该依赖经济学,同样的不公正感正推动着欧洲和美国民粹主义的崛起,"那些希望与这些选民接触的人最好认识到,人们需要感觉到被某些人甚至任何人倾听"。要是民主党人听了她的话就好了,她的文章发表于 2016 年 7 月,即美国大选前 4 个月,那次大选预示着特朗普时代的到来。

让我们齐心协力

幼童对不平等现象很敏感,他们期望遭遇不公的不是自己而是别人,并且不愿与他人分享。然而,有一种情况似乎会引起儿童的自发分享:那些他们必须通过合作才能取得双赢的情况。迈克尔·托马塞洛和他在莱比锡的同事着手检验他的观点,即合作在人类亲社会行为演变历程中的重要性。[40] 3 岁的孩子们必须两两一对进行合作,同时拉动两条绳子才能移开 4 颗弹珠。该装置经过精心设计,可以给其中的一个孩子 3 颗弹珠,但另一个孩子只有 1 颗。在这种情况下,"幸运"的孩子把他的 3 颗弹珠中的 1 颗给了"不幸运"的孩子。然而,当不需要进行合作时,例如得到一笔意外之财,他们就不会分享。

在自私倾向这个问题上,没有什么比一场悲剧更能让人们团结在一起了,因为他们必须一起努力。2017 年,英国伦敦和曼彻斯特遭到了一系列的恐怖袭击。每一次恐怖袭击的暴行都揭示了人性的阴暗面,一些人可以冷酷无情地给无辜的人造成痛苦,但是这些恐怖袭击事件也反映出大多数人愿意帮助那些需要帮助的人。公众通过对幸存者和受害者家属的大力支持来回应这些袭击事件。在阿里安娜·格兰德的演唱会发生爆炸后,曼彻斯特的献血中心每小时接到超过1 000个电话。[41]这说明,人们会对他人的困境做出回应,并想尽一切办法提供帮助。

这种人道主义反应是我们从孩提时代就开始形成的。2008年,一组研究人员利用独裁者博弈来研究中国四川省6岁和9岁儿童的分享行为,当时在四川发生了一场里氏8级大地震,造成超过8.7万人死亡和失踪。[42]这是一次出乎预料的事件,研究者在人们遭受痛苦的真实环境中测试了儿童的利他行为。在地震之前,中国的孩子就像世界其他国家的孩子一样,在独裁者博弈中,9岁的孩子比6岁的孩子更慷慨。灾难发生一个月后,几乎所有参与研究的孩子都陷入失去家园、无家可归的艰难处境。现在,独裁者博弈揭示了利他行为的变化。震区6岁的孩子变得更加自私,他们分享的东西比地震前少,而9岁的孩子则相反,他们分享的更多。四川地震3年后,震区6岁和9岁儿童在独裁者博弈中的分享模式已经恢复到世界各地同龄儿童的典型模式,这表明慷慨对逆境很敏感,这可能是一种应对机制。到了童年中期,我们已经摆脱了之前的自私自利,并在他人需要帮助时伸出援手。

财富赋予人权力。所有权提供的特权不断累积,导致优势不断增加,因为最富裕的人可以获得最不富裕的人无法获得的机会，包括更好的教育、卫生、住房、稳定的家庭环境和所有其他有助于成功的因素。大多数富人将这些优势传给了自己的孩子（当然也有一些明显的例外），但许多人也通过政府干预或直接通过慈善行为间接分享他们的财富。

在对人类行为的经济学，特别是慈善捐赠进行解读时，纯粹的利他主义模式已经失败，取而代之的是不纯粹的利他主义，在这种模式下，捐赠者是为了帮助他人而捐赠，但同时也是因为他们从捐赠行为中获得了一些慰藉。也就是说，他们从给予的喜悦中体验到一种温情效应①。[43]赠予的标准数学模型没有考虑到人类的本性是由骄傲、共情、内疚、羞耻和各种情绪状态所驱动的，而这些情绪状态才是人们想要帮助他人的根本原因。

在人类活动的每一个领域，我们都在努力获得那些与帮助有关的积极体验，而避免那些与内疚及羞愧有关的消极体验。在一项巧妙的研究中，成年人被告知参与这项活动可以赚到10美元，最后他们还可以为自己喜欢的慈善机构捐款。[44]有一个重要的规则，潜在的捐赠者被告知，他们所选择的慈善机构将得到不多不少恰好10美元，差额将由进行这项研究的实验者弥补。换句话说，如果你捐了4美元，实验者会再捐6美元，使总数达到10美元。如果你决定不捐赠，慈善机构仍然会得到实验者捐赠的10

---

① 温情效应：由利他主义行为所产生的良好感觉或者满足感，这种行为是纯粹利他主义和非纯粹利他主义区别的体现。——译者注

美元。参与者做什么并不重要,因为慈善机构依然会得到总共10美元的捐款。尽管他们没有必要这样做,但是超过一半的成年人(57%)仍然决定平均捐款2美元。这么做的唯一原因是因为他们认为这样是正确的,尽管他们的行为并没有让慈善机构额外受益。

我们鼓励孩子进行分享的初衷是因为这是正确的做法,但是孩子也在这当中培养了自己的责任感。在出生后的第二年,婴儿开始意识到自己做错了什么,并体验到由违规行为引起的负面情绪。目前尚不清楚这是被训斥还是被惩罚的结果,但大多数孩子越来越担心做错事。他们会产生内疚感。

内疚是一种消极情绪,会诱发我们的行为。当我们给予穷人帮助时,我们是真的出于仁慈吗?在多大程度上,感觉更好或不那么糟糕的动机才是真正的利他主义而非利己主义?当亚伯拉罕·林肯解释说:"当我做好事时,我感觉很好;当我做坏事时,我感觉很糟糕,这是我的宗教信仰。"他在陈述道德的常识性观点,这就是为什么我们不能理解那些看起来很残忍的人。我们可能会站在道德制高点上发问:"你怎么能这样?"或"你没有羞耻感吗?"但这样一来,我们是否会变得更好?在我们的童年时期,社会的规则和期望已经编码到我们的情感系统中,导致了这所有的一切,从付出体验到的"温情效应"到内疚的反思来折磨我们的内心。

通过内化他人意见，我们产生了内在动机。我们因为感觉正确而做事情，这就是为什么我们会怀疑那些别有用心或有外在动机的人。这就是为什么用报酬激励善良会适得其反。再次以献血为例，我们并不是期望得到回报而献血。社会学家理查德·蒂特马斯在他的《礼物关系》（*The Gift Relationship*）一书中比较了美国和英国的献血服务，得出的结论是，向献血者支付报酬（就像在美国发生的那样）不仅仅带来危险，并引发可疑的行为和安全隐患，因为它激励了不怀好意的人，如果这种做法被引入英国，它将消除人们表达利他主义的内在动机，并削弱作为国家卫生服务基石的共同努力。[45]为了验证他的说法，瑞典研究人员进行了一项关于成年人自愿献血的研究，在这项研究中，献血者要么获得相当于7美元的报酬，要么也可以将这笔报酬捐赠给慈善机构。与蒂特马斯的预测一致，当献血者获得报酬时，献血数量显著下降，但如果这些钱捐给慈善机构，则不会下降。[46]这种现象被称为"挤出"，打破了人们在帮助他人中产生的良好意愿，因为它消除了我们获得的内在价值，这就是为什么人们认为对本应出于道德动机的行为进行经济奖励是肮脏的。在独裁者博弈中，当对献血者和非献血者的慈善行为进行测试时，尽管他们额外的资金捐赠对慈善机构最终收到的金额没有任何影响，但是相对于非献血者，献血者的捐赠仍然更多，因为他们体验到了纯粹的"温情效应"。[47]

这些或好或坏的感觉从何而来？不是来自我们自己，而是来自其他所有人。我们的骄傲来自我们常常沉浸在团体给予赞美的想象中。当我们感到自己被欺骗时，我们的愤慨和怒气就会爆发。这就是为什么社会化如此强大，无处不在。为了感觉更好，我们关心别人的想法。当我们从依赖父母认可的幼儿，成长为执着于同龄人意见的青少年，从那以后，我们过着寻求他人认可的成年人生活，并传播塑造我们生活的相同价值观。这些价值观包括我们如何获取东西，以及当我们拥有它时如何处理。

再见，经济人

几乎没有任何证据表明经济人是对人类行为的合理解释，因为在很多情况下，我们并没有实现自身利益最大化。尽管亚当·斯密被认为是经济人的最早支持者之一，但他也清楚地意识到，人类经常出于善意行事，他在论述道德起源时写道：

> 无论人们会认为某人怎样自私，这个人的天赋中总是明显地存在着这样一些本性，这些本性使他关心别人的命运，把别人的幸福看成是自己的事情，虽然他除了看到别人幸福而感到高兴以外，一无所得。这种本性就是怜悯或同情，就是当我们看到或逼真地想象到他人的不幸遭遇时所产生的感情。……最大的恶棍，极其严重地违反社会法律的人，也不

会全然丧失同情心。[48]

换句话说,我们所有人都能认识到不幸者的痛苦,人性中有些东西让我们想要帮助他们。当然,我们会因为熟知或厌倦而对他人的痛苦产生免疫,但当我们被激励采取行动时,这种同情心往往映射了我们自己的幸运。当我们看到其他人受苦时,我们设身处地为他们着想,想象一下如果换作我们,这会有多糟糕。数百年前的这一观点在当今得到了神经科学的支持。神经科学表明,我们的大脑会模仿并且反映他人的困境,这样我们就能实实在在地感受到他人的痛苦,而这些痛苦会记录在与疼痛相关的区域。[49]在这种情况下,试图通过慈善行为减轻他人的痛苦有助于减轻我们自己的不适。从这个意义上说,慈善不是无私的利他主义,而是利己主义。

竞争的本能会让人们在资源匮乏时变得更加自私,因为失败的后果会更加悲惨,然而,逆境似乎会激发出人们最好的一面。如果我们共同解决一个问题,那么我们自然会在困难时期分配我们的资源。作为一个群体去直面共同威胁,而不是作为更有可能出于自身利益行事的"去个体化旁观者",似乎才是解决办法。也许这就是为什么在武装冲突情境下产生了如此多的利他主义行为。任何理由都不能宽恕战争,但人们可以理解,为什么威胁该群体的事件会产生一种集体责任感。不幸的是,我们似乎还没有认识到气候变化是迫在眉睫的最大威胁,这种变化程度足以让所有国家开始共同努力。为什么发展中国家认为它们只有获得更大份额的蛋糕才是公平的,其实这是完全可以理解的,因为几个世纪以来,富裕的工业化国家已受益于自然资源的开发。所有社会成员都有机会过上和平与舒适的生活才是公平的。问题是,人们不会适可而止。在下一章中,我们将讨论所有权的核心问题:为什么我们想要的比我们需要的更多?

第 5 章　所有物、财富与幸福

攀登成功的阶梯

富人因富有而洋洋得意，这是因为他感到他的财富自然而然地会引起世人对他的注意……相反，穷人因为贫穷而感到羞辱。他觉得，贫穷使得人们瞧不起他；或者即使对他有所注意，也不会对他所遭受的不幸和痛苦产生同情。

——亚当·斯密，1759[1]

2010 年，印度新德里有一个种小麦的农民叫比沙姆·辛格·亚达夫，他花了 8 000 美元租了一架直升机作为他儿子的"婚车"去婚礼现场，全程只有约 3 千米，这件事引起了很大轰动，甚至登上了 1 万多千米外的《纽约时报》。[2] 比沙姆是印度所谓的暴发户之一，出身贫穷，目前似乎正借着国家经济繁荣的东风，肆无忌惮地花钱。他刚刚以 10.9 万美元的价格卖掉了 3 英亩农场，想用这笔钱为儿子举办一场奢华的婚礼。即使没有这些意外之财，世界各地的贫困家庭也会把超出比例的大量收入投到奢侈品上，然而这些钱本来可以购买生活必需品。这些家庭越贫穷，他们将微薄的收入花在不需要的东西上的比例就越大。[3]为什么会这样呢？

比沙姆这样做非常奢侈。其实，他还没有富裕到可以轻轻松松用他1/10的意外之财租直升机，仅仅是为了给他儿子婚礼上的宾客留下深刻印象。然而，像他这样的人不少，因为很多人会用财富来向别人炫耀自己的价值。即使是那些本不需要屈服于虚荣的人也是这样。詹妮弗·盖茨第一次见到唐纳德·特朗普是在佛罗里达州一场他组织的马术表演晚会上，令她惊讶的是，特朗普突然不辞而别，却于20分钟后乘直升机折返回来。她的父亲，微软创始人比尔·盖茨得出的结论是，特朗普一定是找理由被迫离开活动现场，只有这样他才能隆重回归。[4]正如亚当·斯密所指出的，无论你是印度的农民还是美国的亿万富翁，被视为富有与真正富有同样重要。我们喜欢炫耀，其中一种方式就是通过财富。

即使我们已有很多东西，但我们似乎一直无法抑制去拥有更多东西的渴望。家庭消费者信心指数的增加可以清楚地表明这一点。詹姆斯·沃尔曼在他关于所有权过度的书《杂物窒息》（*Stuffocation*）[5]中告诉我们，临界闪络点——家庭火灾达到导致房屋内物品自燃的温度所需的时间——在 30 年前大约是 28 分钟，但根据我们现在通常积累的家庭财产数量，目前缩短到了只有 3—4 分钟。然而，人们积攒家居用品的热情由来已久。看看这张 19 世纪维多利亚式客厅的照片，它就在我居住的英格兰萨默塞特郡附近的一个乡村庄园里。

图 5-1 英格兰北萨默塞特郡廷特斯菲尔德庄园的维多利亚式客厅
图片来源：作者。

在这张照片中，你能识别出多少不同的物品？有地毯、桌子、椅子、凳子、沙发、橱柜、书桌、桌布、垫子、沙发罩、镜子、照片、油画、图画、图书、书柜、蜡烛、烛台、壁炉、防火装置、灯具、开关、手铃、开信器、盘子、碗、花瓶、植物架、罐子、雕像、装饰品、各种尺寸的盒子和各种各样的小摆件。我仔细研究了这张照片，仅在这一间屋子里就有 100 多件不同的物品。每多看一次，就会发现一些新的东西。有些是来自遥远的亚洲和美洲大陆极具异国风情的物品。房间里的红木、象牙和丝绸都不是原产于不列颠群岛的。这是大英帝国在其权力和殖民扩张达到巅峰时期的缩影。

虽然这间客厅是富人家的，但这种凌乱的房间在当时被认为是英国许多中产阶级家庭客厅的理想标配。这种财富水平与狄更斯在《雾都孤儿》《小多丽特》《圣诞颂歌》等作品中讲述的各种社会不公平的故事中所生动描绘的穷困潦倒的生活和济贫院形成了鲜明对比。这张照片也是工业革命的见证，许多产品是在英国工厂批量生产的。在19世纪，在工业产出方面没有其他国家能与英国相比。工业革命始于18世纪，英国发明了蒸汽机，实现了机械化，工业革命标志着西方世界现代化的开始。工业革命之前，大多数英国人都住在农村。他们可能不是土地所有者，但他们相对自给自足，过着简朴的生活。然而，由于小农户在公共土地放牧，这意味着他们也容易受到季节变化的影响，因此生活艰难且难以预测。当城市工作承诺提供固定工资后，农村人口涌入城市，成为新工厂的工人。随着城市的发展，人们对所有权的欲望也在增长。

消费扩张的结果

传统上，历史学家将消费主义的兴起与工业革命和廉价大规模生产的诞生联系起来。然而，人们其实一直以来都渴望拥有更多的东西，尤其是那些新鲜的、很难从外国获得的东西。历史学家弗兰克·特伦特曼在他对过去500年消费主义的详尽描述《商品帝国》一书中提出，[6]消费主义早于工业革命。对消费的担忧自古以来就存在，"消费"这个术语在以前指资源的消耗。写过非物质世界的希腊哲学家柏拉图曾警告社会追求物质目标的危险，这种对所有权的担忧在几个世纪以来得到了大多数宗教和各种政治思想家的回应，包括霍布斯、卢梭和马克思。让他们担忧的不仅是无情的、不道德的和愚蠢的所有权以及由此造成的社会不平等，还有将钱花在外国进口商品上的经济后果。

根据特伦特曼的说法，在过去500年里，推动消费主义兴起的不是工业革命，而是贸易的增加。新贸易路线的开辟和帝国主义的发展为消费者提供了购买更多商品的机会。随着贸易的扩大，大多数州都颁布了"反奢侈法"来禁止从国外购买商品，其理由是花费在外国商品上的任何财富都不会花费在国内产品上——这一问题至今仍然能引起共鸣，许多国家将限制全球贸易作为保护主义的一种形式。然而，反奢侈法也有其社会原因。进口商品通常更昂贵，因此成为精英阶层地位的象征。制定反奢侈法是为了防止平民被误认为是贵族。在英格兰，平民曾一度被禁止穿丝绸、吃红肉或在婚礼上接待超过一定数量的宾客。到18世纪工业革命到来时，几乎所有的反奢侈法规定都消失了。工业革命所起的作用只是满足了人们对已经根深蒂固的所有权的贪婪欲望。没有必要劝说公众让他们渴望更多生活中根本用不到的东西，因为这似乎是一种基本的愿望。

富人阶层一直都是有能力购买的阶层，但工业革命创造了一个新的消费阶层，他们也希望拥有尽可能多的东西。在18世纪之前，产品主要由手工工坊制作，并且制作所需劳动时间成本很高。例如，在纺织工业实现自动化之前，一个人操作一架纺车，一次只能生产一锭线。当英国于1764年发明了珍妮纺纱机，后来改造为水力驱动，一次可以纺纱一百卷。机械化的实现和蒸汽机的发明不仅加快了生产进程，而且减少了工人所需的劳动时间。

生产成本暴跌，产量激增。澳大利亚工程师莎伦·贝德在对消费主义兴起的历史分析中指出，[7]虽然1920年美国人口是1860年的最开始的3倍多，[①]但制造业产出却增长为原来的12—14倍，这造成了严重的生产过剩问题。在工业化的西方，也出现了同样的情况。生产成本下降意味着所需劳动时间减少，但商界领袖并没有缩短一周的工作时间，而是决定提高工资，以提高家庭购买力的方式来维持人们对商品的需求。

在美国1910—1929年的繁荣时期，社会工资增长了40%。

---

① 1860年美国人口为3 140万，1920年美国人口为1.065亿。——译者注

工人们在产品上的消费增加，资金流入股市，这造成了基于市场投机的不可持续的经济泡沫，最终在1929年的华尔街崩盘中破裂，并引发大萧条和随后持续10年的世界经济衰退。在二战和紧缩年代之后，随着工人追求更高的工资而不是更短的劳动时间，消费水平继续提高。生活水平被定义为人们能够购买什么。

在20世纪五六十年代所谓的繁荣"黄金时代"，随着儿童保育服务的增加，越来越多的女性进入劳动力市场，在当时随着工人选择更高的工资来购买更多的消费品，所有权击败了工作满意度。[8]以前，工人被他们能做的事情所鼓舞；现在，工人被他们能拥有的物质所激励。20世纪七八十年代，西方政治助长了人们这种想拥有更多财富的欲望。撒切尔夫人和罗纳德·里根等领导人鼓励普通公民掌控自己的生活，而不要依赖他人。1914年，英国只有1/10的房屋是私有的。100年后，有2/3的房屋是私有的。[9]随着社会变得倾向于提高个人独立性，房产私有制取代了公共住房和公共服务。

在西方，我们见证了20世纪80年代"贪婪是好事""雅皮士"的兴起，正如奥利弗·斯通导演的电影《华尔街》一样，电影生动描绘了企业腐败现象，剧中角色戈登·盖科塑造了一个贪婪和腐败的人物形象。就像在大萧条前夕一样，当时的政治政策特别鼓励消费，在普遍存在的投机行为中，历史再次重演，造成了2008年的国际金融危机。始于此次金融危机一年前的美国次贷危机是房地产泡沫膨胀的直接后果，普通人被卷入房价上涨的浪潮中，金融家们都非常乐意从贷款赚取的佣金中获利。人们不想租房，而希望拥有自己的房子，因为他们被告知，拥有房产等财富是成功的标志。人们借更多的钱来购买更多的东西，但当银行收回贷款时，金融系统崩溃了。每一个繁荣与萧条的经济周期都是由于我们人类对拥有越来越多我们并不真正需要的东西的痴迷所推动的。

炫耀性消费

工业化促成的消费主义的迅速崛起并非没有受到批评。1899年，经济学家托尔斯坦·凡勃伦观察到，银汤匙和紧身胸衣是精英社会地位的标志。他引入"炫耀性消费"一词用来批评消费主义下人们购买更昂贵而不是更便宜但功能相当的商品的意愿。正如他所写的那样，"这里的动机是好胜心——一种恶意对比下产生的刺激驱动，促使我们去超越那些我们习惯中认为与自己地位相当的人"。[10]换言之，消费者花钱购买奢侈品是为了表明他们比周围的人富裕得多。人们为什么这么做？其原因植根于进化生物学。

正如我们在第2章所看到的那样，所有的动物都为了生存而竞争。这种竞争还包括在繁殖方面的成功，从而使我们的基因转移到我们的后代身上。基因构成了控制我们行为的身体与大脑，同时这种行为又将赋予下一代相同的基因。所以，除了生存，我们还要为繁殖而竞争。成功繁殖的一种方法是打败竞争对手，但这会带来受伤或死亡的风险。另一种策略是向异性宣传我们有多优秀，这样他们就会选择我们作为配偶，而不是选择我们的竞争对手。

许多动物进化出的特性表明它们适合作为潜在的配偶。这些信号包括附属物，如五颜六色的羽毛和精致的角等，或炫耀性的行为，如咆哮声或像河豚和园丁鸟一样建造复杂而精妙的求偶巢穴。这些生理属性和耗时的行为是有代价的，但必须是值得的，因为自然选择会淘汰掉这些代价高昂的适应性属性或行为，除非它们有一些好处。

昂贵信号传递理论解释了为什么这种明显浪费的属性是其他理想品质的可靠标志。昂贵信号传递的典型代表是雄性孔雀，它们进化出了一条精致绚丽的彩色扇尾，可以向雌性孔雀发出信号，表明它们拥有最好的基因。尾巴是如此滑稽、炫耀的附属物，以至于查尔斯·达尔文在1860年写道："看到孔雀尾巴上的羽毛让我感到恶心。"达尔文感到恶心的原因是孔雀尾巴没有为生存而优化。它太重了，需要大量的能量来生长和维护，而且，就像维多利亚时代的大衬裙一样，它笨重，不适合高效运动。有了这些缺点，孔雀的尾巴怎么可能进化？

就其带来的危险和不便而言，沉重的羽毛是一个明显的劣势，但这也是基因强大的信号。例如，孔雀尾巴上的眼斑越多，其免疫系统就越好。[11]生病的孔雀可能会失去羽毛，而且从它们不太艳丽的尾巴上可以反映出羽毛的质量也很差。[12]较大的尾巴与其他基因相关，这些基因赋予了它们更好的生存适应能力，尽管这样代价昂贵的羽毛展示是一种劣势。

信号传递还减少了与潜在竞争对手进行身体对抗的需要。就像先占原则演变为一种避免领土冲突的方式一样，动物王国中的许多雄性动物用信号来警告竞争对手自己有多健康。摆姿势、咆哮、冲锋、打水面或捶胸都是旨在给对手显示它们可能遭受潜在的伤害，以阻止对手进行实际身体接触。

人类也会对信号做出反应。我们有些身体特征让潜在的伴侣觉得具有性吸引力，比如匀称的身体和好的皮肤。我们中的一些人比其他人更具有这些特征，这就是为什么我们称他们是美丽的——当然，当谈到我们认为有吸引力的东西时，存在相当大的文化差异和个人偏好。如果不是样貌超凡，那么财产（所有物）可以表明我们的成功和作为伴侣的潜在适合性。如果你不是天生丽质，那么所有权让你可以通过像模仿孔雀的尾巴一样来弥补。名牌服装、昂贵的手表，甚至是一架直升机，都可以通过发出成功的信号来增加你的认可度。

最近一项研究支持了这种将炫耀性消费作为一种打动潜在伴侣的方式的生物学解释，该研究探析男性服用性激素睾酮是否影响他们对代表不同身份地位的手表的评价。[13]在整个动物王国中，睾酮与一系列雄性生殖和社会行为有关，尤其是与竞争等地位相关的行为。成年男性被要求对三款相同的手表进行评分，这些手表分别被描述为质量上乘、功能强大或提升地位。之前服用过惰性凝胶（一种安慰剂）的男性认为这三款手表同样受欢迎，而那些服用含有睾酮的凝胶的男性则更喜欢代表提升地位的手表。我们通过自己的财产来吸引伴侣和恐吓竞争对手，这就是为什么炫耀性消费是社交炫耀的一种形式。

为悦己者容

全球奢侈品市场总值约为1.2万亿美元，其中个人商品价值2 850亿美元。[14] 品牌是产品的有形标识，也是奢侈品的重要组成部分。你胸前一个简单的标志可能会有惊人的力量。在一项研究中，穿着Tommy Hilfiger或Lacoste等奢侈品牌服装的人，更有可能得到一份工作，获得他人的更多投资，而且通常能更有效地让人们满足他们的要求，而那些穿着当地旧货店或慈善商店的衣服的人则不然。[15]

制造商通过起诉盗版和假冒商品来极力捍卫品牌形象。客户同样重视真实性。我和塔莉娅·杰瑟索在一项针对800多名美国和印度成年人的研究中对此进行了测试，我们让参与者想象有一台复制机，可以精确复制物品，使它们与原件无法区分。[16] 然后我们要求他们对每一个产品定价。两种文化背景的成年人对复制品的重视程度都低于原物品，但这种影响在西方人身上更为明显。奢侈品也是如此。人们在购买奢侈品时期待买到正品，如果商品不是真的，即使它与正品毫无差别，人们也会感到受骗。

作为一个有效的信号，奢侈品也不应该是每个人都负担得起的。这就是奢侈品的独特之处，体现了它们对购买者的吸引力。奢侈品正发出一系列使消费者成为精英的拥有特权和机会的信号。我们在判断别人的血统时，会总结出所有这些信号。如果你的大学围巾表明你上了一所好学校，那么你很可能有着富裕的背景（加分），或者拥有非凡的特长（加分）。你将接触到其他具有这些属性的成功人士，从而增加你通过社会网络从相同机制中受益的机会（双倍加分）。雇主将重视相同的选择过程，并因此对冲他们的赌注，从而使一个有利于成功者的系统持续存在（更多的加分）。不这样的话会更公平，但风险也更大。

如果你从未有过这些机会或特权，那么即使你没有上过最好的学校，你也可以花钱购买昂贵的东西，以欺骗大众你是成功人士。或者你可以使用仿冒品，装着装着就成功了，因为你感知到的成功会为未来的成功创造机会。即使那些不需要假装自己成功的人，似乎仍然会被欺骗信号所影响。据演员查理·辛说，唐纳德·特朗普曾将自己在一次活动晚宴上戴的铂金和钻石袖扣送给他，作为他的结婚礼物。[17] 仅过去了几个月，辛就发现这些都是廉价的仿制品。不管它们是不是假货，这种自发的馈赠仍然是一种旨在展示权力的表示。辛在国家电视台上讲述了这个故事，作为未来总统品格不好的证据，但难道我们不都是这样，因为屈服于地位象征的诱惑而感到内疚吗？

我们很容易给人留下印象，并根据表面的证据草率定论，但有时奢侈品会在心理上增强自信，从而提高我们的幸福感。穿名牌服装可以让我们自我感觉更好，然后自我强化。当我们穿上奢华的服装时，我们会觉得自己很特别，举止也会与之相称。奢侈品点亮了我们大脑中的快乐中心。如果你认为自己喝的是昂贵的葡萄酒，相比于你认为便宜的情况，尽管喝的酒完全相同，但是昂贵的酒不仅使你感到味道更好，而且与愉悦体验相关的大脑评估系统也显示出更大的激活力。[18] 这里重要的是奢侈的信念，而不是真正的奢侈。哈佛商学院教授弗朗西斯卡·吉诺发现，如果人们戴着自己认为是假的 Chloé 牌太阳镜（但实际上是真品），他们感觉自己像骗子，而且更有可能在考试中作弊。[19] 在你成功之前，你也许可以伪装，装着装着就成真了，但在内心深处，如果我们这样做了，我们中的许多人都会觉得自己像个骗子。

拥有奢侈品意味着财富，但讽刺的是，只有富人才有资本让自己的穿戴看起来很便宜，因为他们不需要给人留下深刻印象。反信号是指你特意表明你不需要特意去做某事的这种情况。在美国硅谷，不穿昂贵的衣服或西服，而是穿牛仔裤和运动鞋，几乎已经成为一种荣誉，这表明你对科技比对地位更感兴趣。这种风格无疑受到了的马克·扎克伯格无处不在的连帽衫和休闲装的影响。吉诺已经证明，穿着非典型服装发出反信号会在恰当的环境中获得更高的尊重。在一项研究中，她让在高端设计师商店工作的米兰店员给两位购物者打分，一位穿着运动服，另一位穿着连衣裙和皮草大衣。[20] 与普通大众相比，店员们更倾向于认为穿着运动服的顾客会花更多的钱，并且买得起精品店中最昂贵的商品。他们从经验中学到了富人如何经常发出反信号。

只有当一个人故意违反规范以表明反抗和自信时，反信号才奏效。研究表明，在名牌大学里，穿着 T 恤衫、留着运动胡须的老师比穿着考究、胡须刮净的老师更受学生尊敬，但如果大学不那么有名，情况则恰恰相反。[21] 吉诺将这种反信号称为"红色运动鞋"效应，因为她穿着红色的运动鞋和西装参加了一个研讨会，高管们认为她收费更高并且拥有的客户量更大。在 1985 年奥斯卡颁奖典礼上，一线女演员斯碧尔·谢波德穿了橙色锐步运动鞋，她声称这是为了舒适，但她也显示出了红色运动鞋效应。一个地位较低的女演员会默默穿着高跟鞋受苦，而不是暗示她认为自己重要到可以恣意穿着去出席这场盛会。

奢侈品制造商面临的一个问题是，它们希望尽可能多地销售自己的产品，但如果每个人都拥有这些产品，那么这些奢侈品拥有者就不再被视为地位崇高和值得崇拜的人。在 21 世纪初期，英国奢侈服装公司 Burberry 在英国的销售额大幅下降，因为它的标志性设计（驼色格子图案）在"查夫"中流行起来——查夫是对一个痴迷于名牌、廉价珠宝和足球的低收入社会群体的蔑称。这种查夫联想损害了 Burberry 的品牌价值，迫使该公司提高价格以进军高端市场。[22]

奢侈品信号的另一个问题是，它容易被轻易伪造或短暂获得。你可以按天租用豪华服装和汽车，以向他人传达自己的确拥有这些奢侈品的确切信息。一个品牌所包含的显而易见的信号传递价值只会随着价格的上升而上升到一定程度，超过这个程度，真正富有的人宁愿不拥有它。具有讽刺意味的是凡勃伦效应[①]，在高端市场出现了一种被称为"低调消费"的新现象，以区分那些愿意为不太高调的优质商品支付更多费用的人。这些精英产品已经转而利用更微妙的品牌效应，比如路易威登不再在高端包包中使用标志性的"LV"标志。超级成功和富有的人不需要与普通人竞争，正如我们稍后将看到的，他们在引起公众嫉妒方面更加谨慎。这并不能阻止他们享受只有真正的精英才能承受和解读的微妙信号，这就是为什么与依赖大规模销售的主流奢侈品牌相比，更多高端品牌没有华丽的标识。[23]

信号传递不仅能表明我们的财务状况，还能向他人展示我

---

① 凡勃伦效应：指消费者对一种商品需求的程度因其标价较高而不是较低而增加，它反映了人们进行挥霍性消费的心理愿望，最早由美国经济学家凡勃伦提出。——译者注

们想要展示的美德和个性特征。慈善行为引发了一个关于帮助他人动机的有趣话题。愤世嫉俗者认为，善良和牺牲的行为不一定是慈善的，也许是自私的，人们通过"美德信号"来展示自己良好的品质，或者让别人知道我们是个好人。这种现象在世界各地的文化中都很普遍。人类学家埃里克·史密斯和丽贝卡·布利格·伯德以澳大利亚北部的美利安海龟猎人为背景，研究了这种类型的慷慨。[24]美利安人通过采集或狩猎来捕捞海龟。在筑巢季节，任何人都可以从海滩上收集海龟，但只有最优秀的战士才能在公海中猎杀它们。然而，猎人很少保留任何龟肉，而是在盛宴期间将其分发给邻居。与吸血蝙蝠献血那样的互惠利他主义不一样，这样做不是期望在日后以得到肉作为回报，而是一种表明美德和地位的行为。由于狩猎是一项如此娴熟的技术，它更提升了信号的价值，而且一个猎人的慷慨行为如果被认为是策略性的而不是发自内心的，会被人鄙视。尽管每个人都知道这是一种展示自己慷慨的信号，这种行为也必须被认为是不求回报的，才会反过来使人们对实施慷慨的人产生好感。

财富为何无法带来快乐

炫耀性消费和信号传递都是与他人竞争的方式。我们购买奢侈品是为了显示自己的地位，但这就造成了奢侈品抢手的问题，导致我们花越来越多的钱来超越他人。[25]这会导致一场不断攀比、胜人一筹的竞争，因为总有人比我们更富有。即使没有，我们也很难判断出来，因为正如我们在第2章中所看到的，当涉及薪水时，我们觉得自己被低估了，认为我们的同龄人赚得更多。如果我们提高自己的生产力以赚取更多收入并超越竞争对手，这场竞争可以被认为是建设性的，但如果总是有其他人更好，我们全力以赴地投入一场我们无法胜出的竞争中，那么危险不仅是让我们失望，也会让我们在已经拥有的东西中感觉不到快乐和享受。

我们把重点放在了错误的优先事项上。与其对物质财富无休止地追求，我们应该花时间去反思我们所拥有的。想想这两个人，"蒂娜"和"玛吉"。你最像谁？（如果你担心性别问题，你可以用"汤姆"代替蒂娜，"迈克尔"代替玛吉。）

> 蒂娜把时间看得比钱重要。她愿意牺牲钱来获取更多的时间。例如，蒂娜宁愿少工作、少赚钱，也不愿多工作、多赚钱。
>
> 玛吉把钱看得比时间重要。她愿意牺牲时间来赚更多的钱。例如，玛吉宁愿多工作、多赚钱，也不愿少工作，有更多时间。

在一项针对超过4 500位成年人的研究中，那些认同蒂娜或汤姆的人表示，他们看重时间而不是金钱，他们比认同玛吉或迈克尔的人更快乐。[26]这很奇怪，因为在调查中人们经常说，如果可以选择其他，他们更喜欢要更多的钱而不是有更多时间。当然，这符合我们在20世纪目睹的消费主义加剧的趋势。我们认为我们想要更多的钱，但如果你真的去采访正在通勤的工作者，他们会说他们更希望有更多的时间。[27]大概他们讨厌每天通勤的辛苦，但认为这是合理的，因为这会带来经济回报，并且他们相信这会带来更多的幸福感。我们认为更多的钱会让自己更快乐，因为可以购买更多的奢侈品，但我们应该重视的是时间的宝贵。

我们中的许多人在生活中总是想尽可能多地赚钱，因为我们相信这是幸福的秘诀。20世纪70年代，约有1.3万名大一学生接受了采访，询问他们上大学的原因。他们给出的最常见的理由是为了赚钱，但平均而言，那些认为自己更物质主义的人在20年后对自己的生活更不满意，精神疾病的发病率也更高。这是一项相关研究，虽然最终最富有的人不一定就是最不快乐的人，但是认为经济上的成功是更幸福的根源，这种想法很普遍，却是错误的。[28]

为什么财富不能让我们更快乐？为什么我们不能珍惜自己已经拥有的，而要去争取更多？为了理解这一点，我们需要暂时从幸福的复杂性转向大脑如何在最简单的层面做出决定。我们必须考虑一些关于自己如何在生活中做出判断的基本原则。其中一个原则是相对论。正如爱因斯坦所描述的那样，相对论不仅是宇宙中时间和空间的基本物理定律，也是地球上生命最重要的组织原则之一。每一种生物都使用相对比较的原理来生存发展。即使是我们大脑最简单的组成部分也是相对论机器。

大脑是一个复杂的处理系统，它将信息分解为电活动模式，并通过脑细胞网络传播，从而解释世界，产生我们所经历的所有思想和行为。我们的大脑使我们的身体能够通过这些电活动网络与复杂的世界互动。这些信息通过称为神经元的脑细胞的放电速度的变化来处理。如果你去听听通过扬声器传输的单个神经元的电活动，会觉得它听起来有点像盖革计数器，在接收到需要处理的新信息时，它会像机枪一样发出嗒嗒嗒的声音，然后偶尔爆发。

通过这种方式，信息在大脑中被处理并存储为分布的活动模式。然而，这些神经元放电的阈值可以随着时间的推移和重复活动而适应。如果同一组信号不断进入，网络最终会调整其放电的阈值。换言之，它在学习。一个神经网络需要相对更高水平的激活才能再次做出反应。当我们一次又一次地经历某个事件时，我们对它习惯了或厌倦了，因此我们对新奇事物有一种自然的偏好，这会产生新的兴趣。正是因为我们的大脑感到无聊，我们才有动力去寻找各种新奇的体验，从刺激神经元的简单感觉到丰富多样的人类活动——比如像买东西一样复杂的事。无论这种经历是什么,我们总是在寻找新的东西。

新颖性是促使消费者不断寻求新产品的激励因素之一。我们想要最新的很酷的东西,因为我们厌倦了自己已拥有的,想要一些不同的东西。[29] 广告商煞费苦心地强调产品是"新的"或是"改进的",这样你就能期待不同的东西,这并非巧合。我们大脑中的注意系统受到某种新奖赏的刺激,从而形成了我们的需要和欲望。但就像大多数经历一样,我们的快乐逐渐习惯化。一旦你得到了你想要的东西,你就开始在所谓的"享乐适应"的不断循环中寻找下一个最好的东西。

即使是最刺激的经历也可能会变得无聊。随着反复交配,许多物种的性欲下降,尤其是雄性物种。然而,新鲜感会诱发所谓的柯立芝效应:当有了新的性伴侣时,兴趣和交配能力会重新焕发。这也是色情作品如此受欢迎的原因之一,因为它提供了看似无穷无尽的新奇图片来满足性欲。该效应的名称源于柯立芝总统和妻子去美国的一个政府农场旅行,在那里,柯立芝夫人观察到一只公鸡频繁交配,服务员告诉她,公鸡一天要交配几十次。据称,柯立芝夫人曾说:"当总统来的时候,把这件事告诉他。"后来,当妻子的话传到总统耳中时,总统问道:"每次都是与同一只母鸡?"回答是:"哦,不,总统先生,每次都是不同的母鸡。"柯立芝总统简洁地回答:"把这件事告诉柯立芝夫人。"

选择正确的池塘

适用于神经元层面的也同样适用于整个网络。复杂行为的每个方面都会产生适应性。无论何时，当你体验到一些感觉，比如视觉、声音、味觉或嗅觉，那个体验总是相对的。换言之，所有的判断都是基于比较。你醒着的每一刻都会体验到这一点。你的生活是进行相对比较的一场大练习。无论你是感觉疲倦还是警觉，有点饿或饿极了，无聊或兴致勃勃，快乐或悲伤，这都是一个比较的问题。这些基本经验是真实的，也同样适用于我们如何看待自己，以及如何看待我们生活中所珍视的东西。

经济学家罗伯特·H.弗兰克指出，相对论是人类经济行为的基本原则之一。他在《选择正确的池塘》(*Choosing the Right Pond*)一书中指出，[30]我们的经济决策受自身地位引导，这实际上是一个相对性的问题。这就解释了为什么人们更喜欢自己住3 000平方米而邻居住2 000平方米的地方，而不是喜欢自己住绝对面积更大的4 000平方米而邻居住5 000平方米的地方。这也解释了人们为什么更愿意自己挣5万美元而同事挣2.5万美元，而不是自己挣10万美元而同事挣25万美元。[31]我们宁愿拥有的更少一点儿，只要它比其他人都多就行。我们衡量成功是相对于他人的。其中一个最令人惊讶的例子来自对赢得奥运奖牌的情感反应的分析。[32]能参加奥运会本身甚至都应该被视为一项非凡的成就，然而分析表明，奥运选手即使获得银牌也会感到失望。银牌获得者之所以不高兴，是因为他们拿自己与获胜者（金牌获得者）相比。相比之下，铜牌获得者将自己与所有其他没有获得奖牌的竞争对手比较，因此他们认为自己的情况更好、更快乐。相对原则是我们判断成就感的方式。在小池塘里做一条大鱼比在大池塘里做一条大鱼要好。

我们所做的每一件事都有可能成为与他人的竞争。从吃饭到赛跑，在一个被称为社会促进的过程中，仅仅是其他人的存在就让我们完成了比赛的升级。[33] 我们可能认为自己跑得很快，但这种能力实际上取决于别人跑得有多快。就像在塞伦盖蒂草原的两名运动员从狮子身边跑开的笑话一样，在思考我们自己时，最重要的衡量标准是相对比较，而不是绝对价值。

拥有汽车是一个经典的例子：许多人通过他们开的车的价值来显示地位。昂贵的汽车通常动力更强，制造更精美，配备了所有最新的小功能，但最打动人的是汽车的成本。在绿灯亮时，如果司机前面是一辆昂贵的跑车，而不是一辆破旧的老爷车，司机更不太可能按喇叭。[34] 此类奢侈品被称为"地位商品"，因为它们将你置于社会地位的阶梯上；它们的价值是相对的，而不是绝对的。购买奢侈品的初衷可能是为了提高人们被感知到的地位，但奢侈品的确改变了人们对其拥有者的看法。对于那些生活在社会群体中的人来说，这一点至关重要。在这些群体中，满足地位信号传递的需要不是通过房子、头衔和教育，而是通过他们可以随身携带的个人财产。

我们对身份象征的敏感来自我们对想被别人接受的深层需求，但这同时也是自我保护的一种方式。我们通常相互依赖，这造成了我们怕被孤立的脆弱心理，不仅影响心理健康，也影响我们的身体健康。值得注意的是，这一点直到最近才被重视，社会孤立是一种导致死亡的危险因素，会使人英年早逝的可能性增加30%左右，并且比肥胖或中度吸烟具有更大的发病风险。[35] 如果我们想获得关注，那么我们需要发出信号告诉别人。我们需要被他人重视和欣赏，这也是炫耀性消费对我们大多数人来说是如此强大的信号的原因之一。我们希望给他人留下深刻印象，因为这样做，我们在稳固自己的社会地位，这不仅是通过在群体中被置于更高的社会阶梯，也是通过避开社会上那些最底层的群体而达到的，因为那些更不幸的人面临被排斥的风险。

我们对他人评价的敏感性是心理学的一个基本组成部分。正如心理学家利昂·费斯汀格的社会比较理论所阐明的那样，人类在不断地与自己比较。正如他在1954年发表的开创性论文中指出的那样，因为大多数衡量人类才能的标准都取决于我们与谁比较，所以不存在对自己的客观评价。[36] 这个现象适用于个人属性，也同样适用于所有权。我们总是把自己拥有的东西和别人拥有的东西进行比较，但我们也会选择比较的对象。与比尔·盖茨和马克·扎克伯格相比，我们中很少有人认为自己过得很好，因此我们通常不会将自己与他们进行比较。我们也不会将自己与生活在贫民窟和棚户区的众多穷人相提并论。相反，我们常常与邻居和同事比，因为这是与我们最相关的比较。考虑到有些扭曲的视角，在心理上，我们一直处于人生舞台上的银牌位置。

金光闪闪的文化

任何看过嘻哈视频的人都会注意到，人们总是不断提到黄金、豪车、美女和香槟等华而不实和炫耀性的东西，这些可统称为"金光闪闪"。值得注意的是，即使是那些买不起这些奢侈品的人，也仍然会为了获得心仪的名牌商品做出牺牲，试图效仿那些成功者。2007年，经济学家发表了一项针对美国炫耀性消费和种族的研究，发现非裔美国人和拉美裔人在珠宝、汽车、个人护理和服装上的支出，比同一经济阶层的白人多25%。[37]可能的原因是什么？

以嘻哈风格的标志性运动鞋为例。19世纪后期，这款运动鞋最初以运动时所穿的鞋子的形式出现，它是一种多功能的橡胶底休闲鞋，专为打槌球和沙滩漫步等活动而设计，但在20世纪80年代，当它与著名篮球运动员联系在一起时，便超级流行。1985年，耐克推出了第一款"飞人乔丹"系列运动鞋，以传奇的芝加哥公牛队球员迈克尔·乔丹的名字命名，如今顶级款式的零售价高于1 000美元。耐克系列的另一款磁力鞋"Air Mags"是目前最昂贵的运动鞋，售价近9 000美元。

历史上有多起抢劫和谋杀案与耐克盗窃案有关。为什么有人会花这样一笔钱买鞋，尤其是当他们根本买不起或者鞋子会危及他们生命的时候？首先，这些鞋子已经被公认为是街头信誉，这让它们成为身份的象征，非常受欢迎。其次，拥有奢侈品会产生幸福感。就像印度农民比沙姆一样，最贫穷的人从奢侈品消费中获得的满足感要高于富裕的人。最近一项对印度3.4万多户家庭的调查证实了这一点，调查分析显示，炫耀性消费与更高的主观幸福感有关，这种影响在最贫困的家庭中最为显著。[38]

然而，当谈及金光闪闪的文化时，有一种种族刻板印象需要解释。为什么在美国的非裔美国人和西班牙裔美国人，比处于相同收入水平的白人，更愿意将更多的收入花在非必需品上？这取决于他们生活在哪里，并且还是与社会比较有关。当经济学家观察生活在美国较富裕地区的黑人时，他们发现，这些人用于炫耀性消费上的支出相对更少。[39]换言之，少数种族在奢侈品上的支出比例更高，因为他们生活在最贫困的社区。为什么会这样呢？

当你的族群基本上是穷人时，就会有压力想通过炫耀性消费来区分自己，因为与更多的竞争对手相比，这种情况更具竞争力。然而，如果你生活在更富裕的地区，同一族群成员之间的直接竞争较少，那么这种需求就消失了。黑人和拉丁美洲人觉得没有必要与他们富有的白人邻居竞争，因为他们不是相关的比较组。但这种行为模式是否适用于其他群体，尤其是那些不如美国富裕的国家？在这些国家，把钱花在炫耀性消费上会对可支配收入产生更大的影响，从而影响健康和医疗服务等基本需求。事实的确如此。南非社会的特点是社会群体内部和群体之间存在巨大差异。1995—2005年，有研究者对7.7万多户家庭的社会群体内的相对支出进行了同样的分析，结果显示，有色人种和黑人在炫耀性消费品和服务上的支出比白人多30%—50%，这种影响在最贫困的家庭中更为明显。[40]这也告诉我们，在极端贫困的情况下，发出信号竟比满足基本生活需求更为重要。

这种对炫耀性消费的欲望可能会造成恶性循环。因为花在奢侈品上的钱没有花在教育等可能有助于缓解社会不平等的投资上更有用。然而，这种说法低估了美国种族不平等的真实程度。根据美国经济政策研究所2016年的一份报告显示，黑人与白人之间的工资差距自1979年以来一直在逐渐扩大。[41]大学教育并不足以缩小这种差距，因为受过大学教育的黑人男性与白人男性之间的差距最大。更糟糕的是，过去几十年经济增长带来的任何好处都流向了收入最高的人群——主要是白人男性，因此扩大了原本就阻碍了少数族裔繁荣的差距。

柠檬精和高罂粟

贪婪是七宗罪之一，是《圣经》十诫中明确指出要避免的：

"不可贪恋人的房屋；也不可贪恋人的妻子、仆婢、牛驴，并他一切所有的。"《塔木德》和《古兰经》也都明确警告人们，渴望拥有别人的东西是危险的。在古代，在大规模生产之前，每个人都相互认识，可供流通的商品较少，因此贪婪不可避免地导致了竞争，以及以别人的损失为代价获取的欲望。

我们贪恋物品，却嫉妒他人。然而，嫉妒会产生怨恨的消极情绪，让人反复去思考别人已有的优势。这种消极情绪会非常消耗人的精力，以至人们甚至宁愿烧掉自己的钱也要减少他们嫉妒之人的收入。[42] 它导致了一种奇怪的愉悦体验，德国人称之为幸灾乐祸。显然，嫉妒是非理性的，它与标准的经济行为相矛盾，并导致恶意的行为和想法。当我们想到他人时，会在人脑活跃的情绪回路中创建一个独特的记录。[43] 我们产生嫉妒是因为前文描述过的相对论原理在起作用。我们嫉妒那些离我们最近的人，尤其是当他们的好运本来能很容易落到我们身上时。

但有时候，把自己和别人比较可以激发我们的抱负心理。亚里士多德首先区分了两种形式的嫉妒：恶意嫉妒，即我们嫉妒他人的成功；良性嫉妒，即我们钦佩并希望效仿他人的成功。这种区别存在于其他语言中，它们用不同的词来表达积极嫉妒和消极嫉妒之间的区别。英语和意大利语只有一个单词表示嫉妒，而波兰语和荷兰语有两个，如在荷兰语中，有 afgunst（恶意嫉妒）和 benijden（良性嫉妒）。在这两种嫉妒的情况下，我们与其他人相比，都存在一种明显的不平衡。然而，恶意嫉妒与幸灾乐祸有关，而良性嫉妒与幸灾乐祸无关。[44]此外，不平衡造成的动机导致不同的应对策略。在恶意嫉妒中，我们宁愿破坏别人的成功来纠正这种不平衡——拉人下水。然而，怀着良性嫉妒，我们更愿意获得别人所拥有的东西，以便和他们处于平等地位——奋起直追。[45]显然，恶意嫉妒会导致一场无人获益的零和博弈。相比之下，良性嫉妒会导致一场竞争性的比赛，我们都在变得更好，这场竞争会改善所有人的处境。在过去，我们被警告不要贪图邻居的财物，也不要过度炫耀自己的财富；而今天，我们寻求他人的善意嫉妒。我们希望别人钦佩我们，但不要恶意嫉妒我们。

良性嫉妒是广告商的目标，他们想激励消费者购买商品，使他们渴望自己和别人一样。因为我们试图模仿那些我们崇拜的人，所以名人代言被用来激发良性的嫉妒。在一项针对智能手机购买者的研究中，学生们被要求想象与一群同学一起工作，其中一位同学正在展示他刚刚购买的苹果手机的最新功能。[46]参与者被要求想象自己渴望得到这部手机，并被告知手机主人的信息。在一组人中，机主被描述为不值得拥有手机的人，从而引发恶意嫉妒；而另一组人被告知，机主是一个值得拥有新手机的人，从而引发良性嫉妒；第三组人没有被告知机主的任何信息，但要求认真思考这款手机的吸引力。与那些经历过恶意嫉妒的人相比，那些经历过良性嫉妒的人愿意为购买类似的苹果手机平均多付

100美元。然而，那些经历过恶意嫉妒的人准备为另一款黑莓手机支付更多的费用，只为了与他们认为不配拥有苹果手机的人保持距离。这一发现部分解释了苹果用户和非苹果用户之间存在的品牌部落主义，更充分地说明了群体身份的所有权，而不是客观的产品评价。[47]

我们可能会嫉妒那些通过炫耀产品来展示其成功的人，但在社会比较方面，工资可能才是最有争议的问题。2017年，一家英国顶尖公司的首席执行官和一名普通员工的平均工资之比是130∶1。换言之，一名普通员工的收入不到高管工资的1%。[48]在美国，这个差距甚至更大。2014年的数据显示，首席执行官与员工的平均工资之比为354∶1。[49]一些高管的年薪相当于普通员工穷极一生获得的财富。据《今日美国》报道，2016年首席执行官的平均年薪为1100万美元。[50]难怪公众如此热衷于看到这些"肥猫"因为一些个人不幸或丑闻得到报应。"肥猫"一词是20世纪20年代由《巴尔的摩太阳报》的记者弗兰克·肯特创造的，用来描述渴望得到公众荣誉认可的富有的政治捐助者。丑闻能让报纸大卖，不仅因为读者热衷知道这些事，而且是因为人们乐于见到名人出丑，这让我们感觉自己的生活更美好。这就是为什么报纸不断地刊登这样的故事，从而让读者体会到那些人的下场是因果报应，罪有应得。[51]

试图让那些已经晋升到高位的人降到其他人的高度被称为

"高罂粟综合征"。这个名字来源于古罗马历史学家提图斯·李维所著的《罗马史》中关于罗马末代国王"骄傲的塔克文"的故事。当塔克文被问及如何维持权力时,他拿起一根棍子,打落了花园里最高的一朵罂粟花:比喻处决地方上最具势力的人。现如今,特别是在英国,这个词比喻媒体合谋打压太受欢迎的人。

高罂粟综合征在南半球也很常见。澳大利亚人以自嘲式幽默而闻名,这是因为他们不太愿意大声吹嘘自己的成就以避免招来嫉妒。澳大利亚人甚至把成功人士称为"高罂粟",把贬低成功人士的行为称为"砍掉高罂粟"。2017 年,当崭露头角的澳大利亚电视女演员鲁比·洛斯和塞斯·梅耶斯一起参加一个美国的聊天节目时,鲁比纠正主持人说她"很有名",并说:"如果你这么说,我会惹上很多麻烦。他们不喜欢在澳大利亚听到这些,你会把我害死的。"[52] 害怕恶意嫉妒导致许多成功人士采取自嘲策略以避免潜在批评。或者,他们可能会对自己认为会嫉妒的人示以慷慨。传统上,当波利尼西亚渔民捕到鱼而其他同伴没有捕到时,他会把所有的捕获物都送给别人。如果他不这样做,村里其他人会说三道四。

吹嘘财富可能是成功的信号,但也有引发恶意嫉妒的风险。因此,你可能会认为,当不平等显而易见时,富人会感到内疚,并有动力采取行动,就像波利尼西亚渔民一样。事实上,情况正好相反。当富人发现自己比邻居富裕得多时,他们减少不平等的可能性就会大大降低。这种反直觉的效应最早是由耶鲁大学的一位心理学家尼古拉斯·克里斯塔基斯观察到的,他假设了两个虚拟的世界,虚拟世界中的公民生活在两个不同的"国家"。[53] 其中一个国家的国民被随机分配为三个社会中的富人和穷人,这三个社会的不平等程度不同,用基尼系数来衡量:基尼系数为 0 是完全平等的社会,即每个人都是平等的;基尼系数为 1 将是一个严重不平等的社会。世界上一些最贫穷的国家(例如中非共和国)的基尼系数在世界上最高(0.61),而一些最富有的国家(例如丹麦)的基尼系数最低(0.29)。有趣的是,丹麦有一套被称为"詹代法则"的行为准则,它强调平庸和不认为自己比别人好是美德。(他们还有一个 hygge① 的概念,用于描述与他人分享简单事物的乐趣和满足感——这解释了为什么在最幸福的国家排行榜上,北欧国家总是名列前茅。几年前,hygge 在其他国家成为一股热潮,关于这个话题的畅销书也很多,并且一度让代表生活舒适惬意的袜子和蜡烛的销量猛增。人们正在通过 hygge 寻找幸福的迹象。)另一个词,lagom,是从瑞典语翻译过来的,意思是"恰到好处",它反映了斯堪的纳维亚国家② 有意避免出现过度消

---

① Hygge:意思是"安详、舒适惬意",是丹麦文化的一个重要特点,描述的是指在快节奏生活中寻找舒适和满足的感觉,沉迷于生活中美好的人和事当中。——译者注
② 斯堪的纳维亚半岛有两个国家,即挪威和瑞典;由于历史和文化背景的相似性,丹麦、芬兰、冰岛和法罗群岛等北欧国家有时也被纳入斯堪的纳维亚国家。——译者注

费或炫耀行为。

在克里斯塔基斯的虚拟世界中,一个社会的基尼系数设定为0,另一个社会的基尼系数设定为0.2(接近斯堪的纳维亚国家),第三个社会的基尼系数设定为0.4(相当于美国)。一组社会可以"看到"邻国的财富,而另一组社会则不知道竞争社会的财富。然后,克里斯塔基斯和他的团队让公民反复玩类似于我们之前描述的公地悲剧的合作游戏,其中"公民"可以选择为群体的共同财富做出贡献,也可以叛逃和占便宜。决定游戏结果的主要因素不是不平等程度,而是玩家能否看到彼此的财富。当财富不可见的时候,富人和穷人都倾向于处于更平等的状态中,基尼系数约为0.16。这是一个典型的斯堪的纳维亚国家,一个相当注重合作的社会,这可能反映了一种固有的偏见,这就是为什么正如我们之前发现的那样,面对一个假设的财富分配选择时,美国人更愿意住在瑞典。然而,当财富可见时,人们的合作、友好、富有程度都减少了50%——不管初始的贫富差距有多小。此外,当财富可见时,富人会剥削他们贫穷的邻居。当然,与波利尼西亚的渔民不同,这是一个虚拟世界,因此没有叛逃或剥削的真正后果。然而,在经济不平等问题上,无知似乎是一种幸福。这些实验结果表明,发送财富信号可能适得其反。过多的有形财富可能不会因为良性嫉妒产生钦佩,而是产生恶意嫉妒,从而点燃反叛之火。

国家的财富

二战后，一些经济体，尤其是美国，经历了财富的显著增长，但正如经济学家理查德·伊斯特林所观察到的那样，它们似乎没有经历幸福水平的增长。[54] 随着财富的增加，幸福水平却保持不变。"伊斯特林悖论"在20世纪70年代被首次发现，随后在世界各国进行了广泛的研究，得到的结论错综复杂。大致上，英国和美国都符合收入增加并不会让你更幸福的情况。事实上，许多心理健康指标似乎显示出相反的结果。英国经济学家安德鲁·奥斯瓦尔德于2006年在英国《金融时报》上撰文批评英国财政大臣戈登·布朗，恰恰是因为他根据伊斯特林悖论而推行了经济增长战略。[55] 美国和英国的财富都在增长，但抑郁症发生率、与工作相关的压力以及自杀率也在增加。当时，人们担心经济政策会引起人们的不满，于是一群备受尊敬的学者发表了一份宣言——《国家主观幸福感和不幸福感指标指南》，明确指出心理健康的重要性应高于经济增长的重要性。[56]

专家们就数据结果争论不休，伊斯特林悖论仍然是一个有争议的问题。辩论双方都有证据支持他们的立场。每个国家在很多方面都存在差异，因此希望在经济和心理健康之间寻求一种简单关系是很难的。同时，人也是复杂的，要发现财富和幸福之间的联系困难重重。的确，如何定义幸福是复杂的。2010年，心理学家丹尼尔·卡尼曼和他的同事、经济学家安格斯·迪顿发表了一份对 45 万美国成年人的主观幸福感和收入的分析研究。[57] 他们从积极情绪、不抑郁以及最近没有压力的天数等方面询问了人们的幸福感。他们还要求受访者按 10 分制对自己的生活进行评分,其中 0 分为"对你来说现在的生活很糟糕",10 分为"对你来说现在的生活很好"。

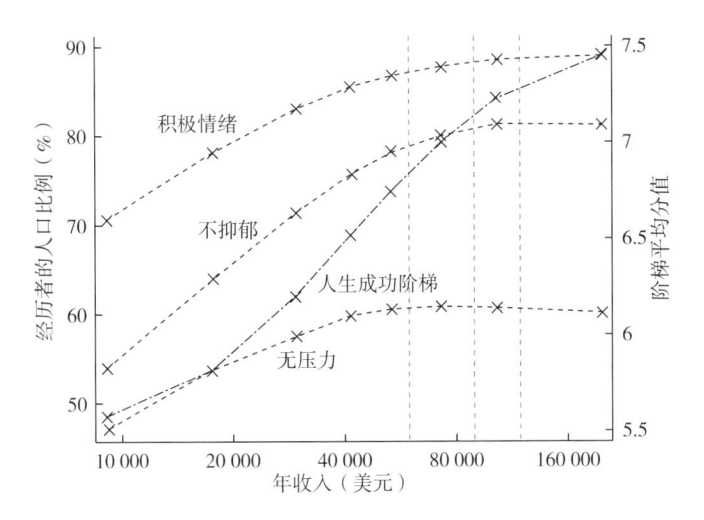

图 5-2 与家庭收入相关的积极情绪、抑郁情绪、压力和人生成功阶梯指标
资料来源:卡尼曼和迪顿(2010)《美国国家科学院院刊》。

这项研究有两个基本发现。第一个发现是,有了更多的钱,生活变得更加幸福,这种关系一直持续到年收入达到 7.5 万美元左右;在那之后,幸福感趋于平缓,因此额外的收入没有什么影响。然而,第二个重要的发现是,随着收入的增加,人们仍感觉自己在人生阶梯上更成功。显然，财富和幸福之间的联系只有达到一定程度才是正确的，在这之后，金钱没有多大影响。穷人不如富人那样满足，但正如卡尼曼和迪顿得出的结论，高收入可以买到生活的满足感，但不能买到幸福。换言之，我们认为有了更多的钱，我们的生活会更好，但我们并不一定更幸福。然而，我们大多数人仍然在努力争取更多的财富成功。我们相信，衡量成功的标准是我们在成功阶梯上走了多远，即使这并不总是让我们更快乐。

如果金钱买不到幸福，那可能是因为钱花在了错误的事情上。现在有大量研究表明，人们从花钱购买体验而非物质财富中获得更大的满足感，这就是"存在"与"拥有"之间的区别。心理学家汤姆·吉洛维奇指出，人们从度假、听音乐会和外出就餐等体验式消费中获得的满足感往往比购买奢侈品、珠宝和电子产品等物质产品的所持续时间更长。[58] 这种满足感既来自对体验的期待，也来自事后回忆。

一个简单的原因让我们又回到了习惯化。我们所获得的东西常常被尘封，而记忆却在我们的脑海中不断被重新诠释和美化。我们更愿意谈论自己的经历，而不是最近购买的物品；同时，即使我们意识到购物中犯下的错误，也更倾向于回味这种体验中积极的方面。我们总会带着乐观的滤镜回忆我们的旅行，而不是回忆它们到底有多么艰难或糟糕。在一项研究中，父母对迪士尼乐园（地球上最快乐的地方）的回忆显示，因为大排长龙、烦躁的孩子和炎热的天气，显然大人们的平均体验并没有那么神奇。然而，随着时间的推移，人们认为这次旅行变得有趣，也认为它是一次建立家庭纽带的机会。[59]正如我们前面提到的，过去的美好时光是糟糕记忆的产物。

我们之所以如此容易被愚弄，是因为记忆不是一成不变的，而是随着每一次复述而重建的。心理学家伊丽莎白·洛夫特斯已经证明，随着时间的推移，我们的记忆很容易被修改，经过一次又一次回忆，我们最终无法区分现实和幻想。[60]这是因为记忆存储在动态神经网络中，该网络为多种体验编码，并随着时间的推移和新事件的出现调整其内容。如果我们是为了给别人留下深刻印象而复述事件，那么就要遵循波莉安娜原则。[61]这个名字来源于埃莉诺·波特于1913年出版的一本同名书，书中她虚构了一个女孩，在女孩的"欢乐游戏"中，每种情况下她只能看到最好的一面。今天，在评估记忆时，我们称之为积极偏差。有了这种可塑性，记忆可以很容易地呈现出积极的一面，以超越别人的趣闻。你曾多少次无意中听到别人在晚餐时炫耀他们胜人一筹的经历？"哦，你一定要去看秘鲁的马丘比丘。它会让你大吃一惊！这是我们最好的一次旅行"。

排他性曾经是奢侈品的标志，所以它也适用于体验。在复述经历时，这些体验会成为我们身份的一部分，并增加我们的社会资本，即人们通过人际关系积累的资源。物质消费往往是一件孤立的事情，与之相比，体验往往是涉及与其他人的交往。通过Facebook和Instagram等社交媒体平台，我们可以展示我们的体验有多棒。我们可能会认为这样的信息只是分享经验，但在发布尽可能好的照片时，我们实际上是在进行社交炫耀，并引起他人的嫉妒。这种嫉妒是善意的还是恶意的，实际上取决于我们的朋友和追随者是否认为我们值得这样的经历。

在追求幸福的过程中，如果仅仅说我们应该在体验上花更多的钱，那就太笼统了，因为消费者只有在购买符合他们性格的体验时才会真正快乐。一个外向的人比一个内向的人更喜欢在聚会和餐馆花钱，因为内向的人觉得这样的经历对他们是很大的挑战。[62]这就是为什么一项对7.6万笔银行交易的分析显示，内向者更喜欢买书，而不是去酒吧。[63]我们需要审视我们的个人价值观，以便正确选择我们想要的东西。

寻求体验听起来像是一种无忧无虑的、非物质的存在，在追求享乐主义的过程中，避免了抵押贷款和承诺的麻烦。事实上，这些寻求体验的人往往是富人，他们有财富享受波希米亚式的生活，也可以根据需要而外包物质需求。这不是一种适用于所有人的生活模式。最近一项关于购买幸福感的大规模分析显示，虽然富人的确更喜欢体验式消费，而不是物质性消费，但对于那些不太富裕的人来说，情况则恰恰相反。[64]这是因为那些能够获得丰富资源的人拥有自我完善与提升的资本。

此外,体验消费主义比物质消费主义更环保这个概念需要更仔细的审视。例如,旅行越来越得到人们的喜爱。在过去的5年中,英国游客和居民往返不列颠群岛的人数同比增长5%—10%。[65]从在线旅行住宿短租平台 Airbnb 的短租数据看,人们不仅没有减少出行,反而增加了出行量,以及由此产生的碳足迹。越来越多的西方"千禧一代"无力承担抵押贷款,而且搬家的频率也越来越高,这一事实被认为是体验支出增加的一个原因。据《福布斯》杂志报道,78% 的"千禧一代"与 59% 的"婴儿潮"一代相比,宁愿为体验消费买单而不是为物质商品买单。[66]如果你有很多东西,搬家是件麻烦事。然而,体验增加并不一定意味着消费的减少。试想一下住酒店是多么浪费和低效利用资源的行为,我们预计在旅行中用到清洁崭新的床单、一次性洗漱用品、食物、空调和所有其他奢侈品,但是在自己家里,我们并不会这么用。为了满足旅客的需求,美国酒店每天扔掉 200 万块肥皂,酒店行业 50% 的垃圾是食物垃圾,每年造成的损失达 2 180 亿美元。[67]

全球旅游业是一个价值 1.2 万亿美元的产业,而且每年都在增长。此前对旅游业碳足迹的估计显示,它占全球二氧化碳总排放量的 2.5%—3%。然而,最近对 160 个国家的旅游业进行的一项研究发现,2009—2013 年,旅游业的全球碳足迹比之前估计的增加了 4 倍,约占全球温室气体排放量的 8%。[68]交通、购物和食品是最重要的贡献者,这些足迹中的大部分是由最富裕的国家创造的。正如作者总结的那样,旅游需求的快速增长实际上超过了我们对旅游相关活动的脱碳目标。

我们需要找到更好的方式来利用时间和使用有限的资源。虽然我们可能认为,如果拥有更多的东西,我们会对自己的生活更加满意,但对生活满意度和幸福感的研究表明,一旦我们获得了适度的收入,拥有更多的财富也不会让我们更幸福。无论是通过对物质的追求还是对体验的追求,我们都一直在寻求一些表明自己与众不同的东西。我们仍在努力发出信号表明自身的地位,并以此展示我们的身份。

第6章　我即我之所有

延伸的自我

努斯拉特·杜拉尼看起来像个摇滚明星。2017年我见到他时，他是音乐电视网MTV的高级主管。不过，即使你不知道这一点，只看他一眼你也能猜到他来自传媒界。他个子不高，通常穿着黑色或皮革材质的名牌服装，留着一头乌黑的长发，戴着彩色眼镜——活像印度裔的美国歌手乔伊·雷蒙。当时我们在意大利威尼斯举行的金纳网聚会上相遇，即使是在时尚人士、未来主义者、风险投资家和企业家之类人物汇聚一堂的这种聚会上，你也可以看出努斯拉特超级酷。只是，我初见他时，他可是一点儿也不酷。

我们见面的前一天晚上，努斯拉特刚从罗马来到威尼斯。在罗马的一家餐馆，他不慎被小偷偷走了他装有私人物品的背包。罗马的失业人口约为40%，针对游客的轻微犯罪和盗窃已成为穷人主要的经济来源。虽然这件事给努斯拉特带来了麻烦，但是他还算有钱，有足够的时间和财力去周游世界，他可以轻松地重新购置被盗财物。一开始，他没把此事放在心上，看起来泰然自若。但在接下来的几天里，他越来越不安。就像生活中很多突然找上门的麻烦一样，盗窃行为虽然最初只是令人怅惘，但是随后会引发越来越强烈的愤怒。

努斯拉特的反应很常见。无论我们多么富裕，也不管我们多么希望保持冷静和沉着，我们都经常会惊讶于盗窃总让我们很心烦意乱。这是因为个人的所有物是自我的延伸，如果它们未经允许就被带走，这相当于侵犯了我们的人身安全。家庭遭到入室盗窃尤其令人痛心，因为这意味着对我们通常感到最安全的领地的入侵。在英国，近 2/3 遭遇入室盗窃的人感到极度沮丧，事后很久，他们还会出现各种各样的不适症状，包括恶心、焦虑、哭泣、颤抖和陷入沉思。保险公司的报告称，遭遇入室盗窃的人大约需要 8 个月才能再次感到安全，并且 1/8 的人在情感上从未恢复。[1] 困扰我们的不仅仅是经济损失，更确切地说，这是一种强烈的被侵犯的感觉。有人不请自来，这撼动了我们对自己世界的控制感。

当我们被迫放弃我们不愿放弃的所有物时，这种损失也会让我们苦恼沮丧。这种不愿放手的态度使我们得以对人类及其与所有物的关系中发人深省的方面窥见一斑。想想在 20 世纪 60 年代末，经过几十年的战后消费主义盛行之后，自助仓储行业蓬勃发展。每年都有越来越多的人不愿扔掉自己的东西，而是把它们都储存起来。目前，美国的自助存储设施比麦当劳的分店还多，尽管65%的存储用户也有车库。[2]许多车库里不再放汽车，而是堆满了那些我们不再留在家里的多余物品。为什么我们不愿意丢弃我们的东西，为什么我们的车库里装满了毫无价值的个人物品？为什么我们对自己的所有物具有这种特殊的情感依赖？

原因就是我即我之所有。1890年，北美"心理学之父"威廉·詹姆斯写道，自我是如何被我们所宣称拥有的一切而定义的：

> 然而，广而言之，一个人的自我是他所能够称之为他拥有的一切的总和，不仅是他的身体和精神力量，还有他的衣服和房子、他的妻子和孩子、他的先人和朋友、他的声誉和工作、他的土地，以及他的游艇和银行账户。所有这些事物都给了他同样的情感。如果它们兴旺发达，他会感到欢欣鼓舞；如果它们缩减并消失，他会感到沮丧低落——不一定每件事都会引起相同程度的情绪变化，但这种现象对所有人都是一样的。[3]

在这段话中，詹姆斯描述了心理学家所谓的"自我构念"，即我们思考自我的方式，以及损失带来的情感后果，这揭示了我们具有的与自己所有物之间的特殊关系。我们认为自己的身体和心智是自我的一部分，这种想法并不奇怪。毕竟，如果不是自己的一部分，还能是谁的呢？但是，上述所有物清单上的许多重要物品并非我们独有，也可能为他人所有。房屋、土地和游艇只是我们获得的财产。既然如此，失去它们为什么会对我们内心产生如此大的影响呢？

许多思想家都思考过我们与我们的物质财富之间的内在联系。众所周知，柏拉图很少关注物质世界，他认为我们应该有更高的、非物质的追求。他认为，私有财产会引起不平等和盗窃，有必要用集体所有制的方式来追求共同利益，以及避免因私有财产导致的社会分裂。他的学生亚里士多德总是与他争论不休。亚里士多德更加脚踏实地，强调研究物质世界的重要性。他认为私有制促进了人们的深谋远虑和责任感，但他也指出，我们往往因为所有权而羡慕和嫉妒他人。两千年后，法国哲学家让－保罗·萨特则认为，我们想要拥有的唯一原因是增强我们的自我感，而我们能够知道自己是谁的唯一方式是审视自己有什么——几乎就像我们需要通过我们的所有物来外化我们的自我一样。我们购置的物品是彰显我们成功的看得见、摸得着的标志。就像美国的一项财富研究所发现的那样，在年收入达到 75 000 美元后，我们可能不会因为收入越高就变得更幸福，但是如果我们能看清自己的财产，则会更加自信地认为自己是成功的。我们不仅通过自己的所有物向他人传递自我的信号，所有物也向我们传递我们是谁的信号。

萨特在他的《存在与虚无》一书中，意识到人类在某种程度上被他们所拥有的东西所定义："我所拥有的一切反映了我存在的全部……我即我之所有……我所有的就是我自己。"[4] 他在书中提出，这种观念会在以下几种情况下产生。首先，通过对某物施加排他性的控制，一个人就可以将其据为己有——我们在婴儿早期就已明显表现出这种行为。其次，与约翰·洛克的观点一致，如果你从头开始创造某物，那么就意味着你拥有它。最后，萨特认为占有能唤起激情。

人们对占有的激情的一种表达方式是积攒东西。1769年，另一位法国哲学家德尼·狄德罗写了一篇关于财产如何影响行为的文章。狄德罗买了一件奢华的新晨衣，他认为这件晨衣会让他开心，但是他惊讶地发现，这件衣服让他非常痛苦，并完全改变了他的生活。这件奢华的长袍非但没有使他的生活显得更富裕，反而与他已经拥有的破旧物品形成了鲜明对比。很快，他发现自己又买了新衣服，以配得上那件晨衣的品质。但是狄德罗并不宽裕，所以消费升级使他更加不开心。他穿着旧晨衣打扫房间感觉很舒服，相比之下，他购买的奢华晨衣意味着他不能穿着新晨衣做家务。正如他所写，"我是我的旧晨衣的绝对主人，但我却成为新晨衣的奴隶"。"狄德罗效应"是人类学家格兰特·麦克拉肯创造的一个术语，用以描述个人物品对后续购买行为的影响。[5]例如，如果你买了一件奢侈品，即使你可能并不需要，你也会渴望购买更多这样的物品。许多零售商利用狄德罗效应，向我们宣传新产品以搭配我们最初购买的产品。这也是苹果产品吸引力的一部分。根据麦克拉肯的观点，购买苹果手机对许多人来说是一种"启程商品"，这给他们带来了购买其他苹果产品的新压力，因为这些产品反映了他们的身份。即使其他不同的购买物可能更物有所值，但是如果它发出了关于身份的错误信号，那么购买者购买它的可能性就会降低。

对物品的情感依恋最为严重的一种形式大概存在于收藏家中。收藏家们在他们的藏品中投入了情感，这不仅仅是因为他们的藏品具有货币价值，更是因为收藏者在收集他们想要的藏品时所付出的努力和不懈追求。有时候，光想一想可能失去这些藏品，就令他们无法承受。2012年，德国当局发现居住在慕尼黑的隐居者科尼利厄斯·古利特收藏了大量珍贵的艺术品，估值约10亿美元。这些艺术品被纳粹分子从犹太裔的原所有者手中偷走，并在战争期间以比其真实价值低得多的价格卖给了科尼利厄斯的父亲。科尼利厄斯已经开始把保护这些艺术品视为他的个人责任。他说，警察没收他的珍藏品的经历对他造成的打击，比父母的去世或同年妹妹因癌症去世对他的打击更大。科尼利厄斯告诉官方负责人,保护这些藏品是他的职责,以致他变得"紧张、痴迷、孤僻,并且越来越脱离现实"[6]。

耶鲁大学精神分析学家恩斯特·普莱林格于1959年进行了一项研究,最早用以检验詹姆斯关于自我构念的说法。[7]他让成年人在一个问卷上按照从非自我到自我对160个项目进行分类,结果发现,心智和身体与自我感的关联程度比个人所有物与自我感的关联程度更高。但是,所有物被认为比其他人更与自我相关(不过,我们很快就会发现,这是一个非常西方化的视角)。当孩子们被要求对相同的物品进行排序时,他们遵循的模式与成年人大致相同,只是随着年龄的增长,人们越来越关注反映我们与他人关系的所有物的重要性,当我们逐渐成长为与他人共同生活的成年人时,这是非常合理的。[8]

加拿大营销大师拉塞尔·贝尔克也在一系列具有影响力的论文中阐述了自我与我们所拥有的东西之间的关系,倡导"延伸的自我"这一概念。[9]在詹姆斯和萨特的工作基础上,贝尔克提出了出现延伸的自我的四个发展阶段。第一阶段,婴儿将自我与环境区分开来。第二阶段,儿童将自己与他人区分开来。第三阶段,所有权有助于青少年和成年人形成和确立他们的自我身份认同。第四阶段,所有权有助于老年人获得延续感,并为死亡做好准备。随着年龄的增长,我们认为珍贵的东西会更多地转变成那些能提醒我们多年深情厚谊的物品,比如纪念品、传家宝和照片——也就是人们常说的他们会从燃烧的房子里救出的那些东西。有时候，这的确是真的。传奇的布鲁斯音乐家 B.B. 金以他的吉他而闻名，他称之为"露西尔"，他无论去哪儿都带着这把吉他。他以 1949 年他在阿肯色州举行现场演奏会时所发生的情景为它命名。当时两名男子在打架，一台加热器被踢翻，导致演出大厅起火，迫使所有人撤离。一出门，金就意识到他把自己 30 美元的吉他落在了舞台上，于是他折返燃烧的大楼中取回了它。第二天，他得知那两个男人是为一个叫露西尔的女人打架，于是金将自己的吉他——以及他后来拥有的每一把吉他——命名为相同的名字，以提醒自己永远不要再为了一把吉他跑进燃烧的建筑物，或者为了一个女人而打架。

商品拜物主义

所有物是我们自我的延伸，但新技术的发展意味着我们与许多有形的所有物的物理联系将消失，因为它们被数字形式所取代。在这个 Instagram 和电子邮件流行的时代，纸质照片和手写信件实属罕见。有趣的是，虽然黑胶唱片和纸质版图书在几年前曾被预测会消失，但是随着人们对其物质形态的欣赏，两者都再度流行起来了。2017 年，随着听众回归"有形音乐"，英国的黑胶唱片销量创下了 25 年来的新高。[10] 同样的趋势也体现在电子书销量的下降上，人们转而青睐实体作品。

这种逆转的一个原因是人很难将情感依附于非物质的事物。拥有和持有有形物品的欲望是拜物主义的一种形式。"拜物"一词（源自葡萄牙语单词 feitiço，意思是"魅力"或"巫术"）最早为前往非洲的欧洲旅行者所使用，他们注意到非洲当地有一种习俗，当地人崇拜被认为具有超自然力量的物体。之后，拜物主义指的是人们从无生命物体中获得的情感满足：各种服装的性恋物癖是最极端的形式之一。

任何物体都有可能使人产生拜物主义。卡尔·马克思在他批判资本主义的著作《资本论》的开篇，将商品拜物主义描述为人们与产品之间的心理关系。[11]他讲道，我们赋予事物的价值是基于我们愿意为之所付出的代价。即使某个物品没有实用价值，我们赋予该物品的价值也会作为其固有属性传递给它。因此，在人类历史的大多数时间里，黄金和白银并没有实质上的价值（后来人们发现它们在电子器件中非常有用），而是作为一种方便的货币形式，因为它们的稀有性和可用性而变得有价值。一旦市场认为某种商品有价值，消费者就会对其产生情绪反应。

珍贵的东西会使人产生恋物想法。谁触摸到金子不会产生那种特别的兴奋感？可能每天都在制作金器的金匠不会，但是对于我们其他人来说，黄金长期以来一直是一种神奇的金属，在民间传说和童话故事中随处可见，而且与触摸有关。如果说拿着和触摸某些东西会有所收获，那么拜物主义就可以理解了——这是一种摸得着的联系。在魔术性思维领域，这被称为积极传染，人们相信某种积极的属性会从物品中传递出来——这就是为什么人们想要触摸自己渴望的物体。[12]有一次，有人带我到剑桥大学三一学院的研究员公共休息室参观。室内的壁炉顶上，毫无防范地放着一枚纯金的诺贝尔奖金质奖章，路过的人都想去摸一摸。即使在今天，虽然纸币本身没有价值，但是持有一沓现金仍有其特殊意义。

事实上，积极传染具有现实意义的后果。当告诉成年人他们打高尔夫球时使用的球杆原属 2003 年美国高尔夫球公开赛冠军本·柯蒂斯，他们的成绩会比那些未被告知球杆主人的人要好得多。[13]他们不仅推杆更准确，而且还判断高尔夫球洞更大，这让他们更有信心击中目标。这种心理激励可以解释为所谓的幸运符。与那些在测试过程中幸运符被拿走的学生相比，在测试情境中携带幸运符的学生在记忆测试和解字谜方面成绩都更好。[14]所有这些例子都显示，与欲求之物发生身体上的接触会产生积极的心理状态。

即使仅仅触碰到现金也会改变我们的思维和行为方式，但并不总是向好的方向发展。研究金钱心理学的行为经济学家凯瑟琳·沃斯指出，持有现金会让儿童和成人都变得不那么亲社会，不再相互联系，更加自私。[15]托尔金所著的《霍比特人》与《指环王》三部曲中的角色咕噜，戴着他视若珍宝的戒指，令人同情又荒诞丑陋,和他一样,有些人会在心理上痴迷于自己的所有物。从守财奴到毒枭,从《雾都孤儿》中的费根到美剧《绝命毒师》中的沃尔特·怀特,对他们洋洋得意于囤积财富的描述通常反映了一种自私的贪婪。

当涉及我们将个人的所有物视为自我构念的一部分时,拉塞尔·贝尔克也认为我们进入魔术性思维的领域:

> 那些我们认为最能代表自我一部分的所有物与我们认为最神奇的物品也有着密切的关系,包括香水、珠宝、服装、食物、过渡性客体、房屋、车辆、宠物、宗教圣像、药物、礼物、传家宝、古董、照片、纪念品和收藏品。[16]

但是,贝尔克最近更新了"延伸的自我"这一概念,包括我们对数字世界日益增长的依赖和相互关联性,以及过去20年发生的快速变化。[17]人们正在使用社交媒体新技术,将自己的线上自我构念变成更愿意向他人推广的样子。社交网络的一个主要问题是,人们创建和传播不准确的个人资料,更喜欢强调、精心制作或捏造自认为会给别人留下深刻印象的信息。这是一个令人担忧的问题,因为这种线上宣传会让人们产生不切实际的期望,认为其他所有人如此幸福和如此成功,从而导致弱势的人们产生自己无能的自卑感。[18]我们创建多个版本的自我,这些版本反映了我们与他人互动的不同情境；我们都体验了一场自我的幻觉，不再是一个真实不变的自我，而是随时间的推移和情境的改变而改变。[19]

数字平台促使和鼓励我们去随意分享个人信息，而这些信息以前会被认为是粗鲁的、自吹自擂的，甚至是令人尴尬的。尽管我们现在更倾向于在线上进行社交炫耀，但是数字技术对我们的自我构念也形成了威胁。我们的记忆和经历现在以不会自然消失的形式存在，并且可以很容易被检索和验证。对应聘者线上个人资料进行背景调查现在已经是潜在雇主常用的做法。当我告诉许多申请来我实验室的学生，我们通常会查看他们的社交媒体资料，以了解更多他们在申请资料中可能没有分享的信息时，这些天真的学生都感到非常震惊。

感受体验相对于占有财物，更能给人带来满足感，但是数字记忆也会削弱人们对于体验的日益增长的偏好。请记住，这种偏好取决于我们不断变化的记忆，记忆中的事件变得更令人愉悦。可能是因为通过准确地提醒我们到底发生了什么，以及我们是谁，数字时代最终会在我们缅怀这些过往时，消除那些被模糊的记忆所渲染美化的内容。

更令人担忧的是在线数字逝世的未来前景。人们继续给已故者庆祝生日，而且据估计，仅在美国，Facebook上的已故账户数量每年将以大约170万的速度增长。[20] Facebook为逝者提供纪念账户,并为其他人在你去世后管理你的账户提供了遗产安排。然而,对于一个人的数字化自我,死亡只是一件小事。像 Eterni.me 这样由麻省理工学院初创的公司,可以生成能够模拟死者表达偏好的再创作算法,并从该人去世后开始发帖子,使逝者家属能够与逝者保持联系。即使我们不想为这些服务付费,悲伤的家人出于情感寄托也很难删除已故的所爱之人的线上资料,就像我妻子不愿意丢弃她从父母那里继承的物品一样。在线存储数以百万计的数字遗骸将持续增加档案存储成本,因此必须有某种更经济的模式来使这些文件处于活跃状态。数字来世产业可能会令人觉得怪异,但这就是死亡和网络自身的必然性,为此牛津大学伦理学家提出了规范这一领域的指导方针。[21] 在我们过世之后,数字技术的创新确实能够很好地延续已无生命的自我。

"怪异的"人们

用我们所拥有的东西来定义延伸的自我这一概念,后来被发现是一种典型的西方现象。心理学受到的主要批评之一是,在过去 60 年中,这个领域主要基于对美国白人大学生进行研究,而这些学生参加实验的动机是获得课程学分。他们被称为"怪异的"(WEIRD)——西方的(Western)、受过教育的(Educated)、工业化的(Industrialized)、富有的(Rich)和民主的(Democratic)。一项对 6 个主流期刊上发表的研究的分析发现,几乎所有的参与者都属于"怪异的人们",但是这类人群只占世界人口的12%左右。[22]

我们可以把自我构念和所有权的概念添加到文化差异的列表中。心理学家理查德·尼斯贝特在其著作《思维版图》中指出,撇开政治意识形态不谈,在自我构念方面,不同文化之间长期存在差异——东西方之间存在着广泛的分歧。[23]与东方社会相比,西方的自我构念相对更加注重个体主义,在东方社会中,个体的自我构念被认为与他人相互依赖性更强,或者更加集体主义。西方价值观强调独立的自我这一概念:"白手起家"的人,等等。个人财富、个人成就,以及高度评价个体与他人之间差异都是西方自我中心观的一部分。

相比之下,东方社会有着悠久的佛教和道教哲学传统,强调没有自我,以及群体的重要性,从很小的时候就教育孩子重视群体而不是自我。事实上,相比来自西方工业化国家的儿童,来自农村集体主义文化的儿童往往倾向于更公平、更慷慨地分享。[24]在东方,家庭和社区的归属感得到更高的重视,居住在超出直系亲属组成的大家庭中更加常见。与西方家庭相比,东方家庭成员在物理空间上的联系往往更紧密。在一些社会中,几代人——祖父母、叔伯、婶婶、堂亲——可能生活在同一屋檐下。

这些差异甚至反映在我们描述自己的方式上。例如,在集体主义社会中长大的人经常以其与他人的关系来描述自己。我的学生桑德拉·韦尔齐恩最近对来自印度浦那市的7岁和8岁学龄儿童进行了一项研究。她让孩子们告诉她是什么让他们与众不同，结果却发现他们几乎总是在与家人和朋友的关系中描述自己的成就。一个典型的自我评价是："我擅长数数，所以这让我妈妈感到自豪。"相比之下，生活在英国布里斯托尔的同龄儿童非常善于不断强调他们为什么如此特别，而从不提及其他人。[25] 在一些文化中，这种与其他人的相互关联性可以延伸到其祖先。新西兰毛利人的民族志专家埃尔斯登·贝斯特指出，毛利人经常以第一人称提及自己的部落，例如，当描述一场可能发生在100年前的战争时，他们会说："我在那里打败了敌人。"[26]

这些广泛的刻板印象通常是准确的吗？还是说只是我们用来对外国人进行分类的笼统概括？值得注意的是，各种实验证据都支持东西方之间的区别。以分析加工（个体主义）或整体群组加工（集体主义）为特征的任务会在不同文化差异的个体中产生不同的表现模式。甚至我们看待世界的方式也取决于我们的文化遗产。当日本与美国的学生看到包括多种鱼类和一簇簇礁石以及植物的复杂水下场景时，他们会注意到不同的东西。[27] 在识别任务中，必须识别原始图像中是否存在某些特征，美国学生往往只注意到占优势的大鱼，而日本学生则更多地注意到周围场景。日本学生更倾向于说这幅画是"一个池塘"，而美国人则更倾向于说一些焦点性的事物，如"这是一条大鱼，游向左边"。日本人对背景和特征之间的关系更加敏感。这一解释可以用一个简单演示加以证明。

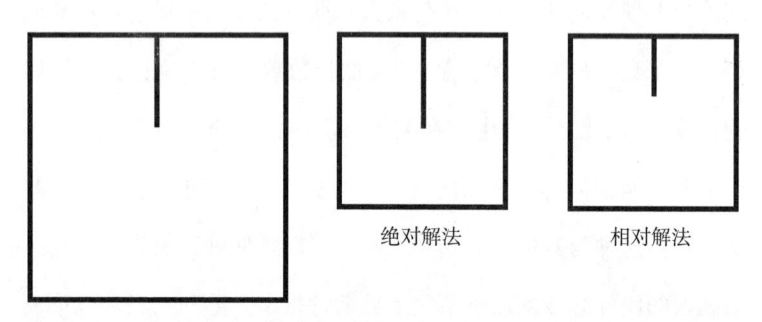

图 6-1 让参与者看左侧的方框和线条，要求参与者在右侧较小的方框中画一条线。来自西方的参与者会更准确地画出与左侧线段绝对相等的长度（绝对长度），而来自东方的参与者则更准确地根据方框的尺寸按比例画线（相对长度）。

想象一下，给你一个空方框，请你画上一条缺失的线，你可能有两种方法来完成：你既可以画一条完全相同长度的线（绝对解法），也可以画一条相对于方框长度成比例的线（相对解法）。当面对这项任务时，日本参与者使用相对解法比使用绝对解法准确得多，而美国参与者则表现出相反的模式。[28] 这表明我们认识这个世界的方式存在文化差异：要么通过碎片化的视角，要么更具整体性，这反映了个体主义者与集体主义者的自我构念。

更值得注意的是，在完成许多不同任务时，来自个体主义文化与集体主义文化的参与者其大脑激活都有所不同，包括复杂场景的视觉加工[29]、集中注意[30]、心算[31]、自我反思[32]，以及对他人可能在想什么进行推理[33]。所有这些证据都表明,我们的大脑存在根本性差异,然而这些差异并不是一成不变的,也不根植于我们的生物学基础。事实上,我们可以通过启动任务暂时地改变人们的思维方式,例如让他们阅读强调个体主义或集体主义情节的故事,或者让他们编辑一份围绕代词"我"或"你们"和"他们"的文稿。[34] 仅仅只需重新关注自我或者他人,我们就可以改变人们的自我构念。事实上,几个月后,生活在日本的美国人从更倾向于绝对解法转向更倾向于相对解法,而生活在美国的日本学生则恰恰相反。[35]

简单的操作要么可以让人更加以自我为中心,要么可以让人更少以自我为中心,这种焦点的转移可以反映在由自我或他人导向的思维所激活的大脑区域的变化上。[36] 我们的大脑不断地对周围微妙的文化环境做出反应和适应。仔细想想,这种高度适应生物环境和文化环境变化的大脑非常可怕。大多数西方人认为,当西方人访问另一种文化时,他们带着西方人的大脑,通过西方人的眼睛观察。但是关于生物文化适应的研究表明,当你在另一种文化中生活足够长的时间时,你的大脑终将适应这种文化,以与这种文化中的其他人相同的方式看待世界。事实上,随着时间的推移,西方文化的自我构念已经发生了变化——例如,"自我"(self)这个前缀的使用直到17世纪崇尚个体主义的清教兴起后才出现在英语中,如"自尊"(self-regard)和"自制"(self-made)。[37]

自我构念的变化多多少少是由于人口逐渐从紧密联系的乡村转移到拥挤、充满竞争的大量新兴工业化城市中。[38]

之所以形成这些文化差异，历史性事件也发挥了一定作用。对于为什么美国如此强烈地培养和鼓励独立性和个体主义，一个常见的解释是，建立美国的人主要是寻求为自己创造更好生活的移民。美国的社会等级和价值观都建立在精英政治基础上——正如 1776 年美国的《独立宣言》所宣称的那样，"我们认为这些真理是不言而喻的：人人生而平等，造物者赋予他们若干不可剥夺的权利，其中包括生命权、自由权和追求幸福的权利"。这种政治哲学提倡每个人都有潜力和权利取得成功，并与许多移民当时逃离的普遍存在的阶级制度形成鲜明对比。在欧洲，你要么生来就享有特权，要么就没有特权，对此你几乎无能为力。事实上，当你超越自己人生中原本的社会地位，这种社会流动性并不被认可。但是，在美国这个英国的前殖民地，一个人的命运掌握在自己手中，这种观念逐渐代表了成为一个白手起家的男人（或女人）的美国梦。

然而，即使在美国国内，各州之间也存在不同的自我构念，这反映了各州的历史差异。早在 20 世纪 20 年代，历史学家弗雷德里克·杰克逊·特纳就认为，对北美洲大陆西部的扩张和探索培养了"拓荒精神"，这是一种独立的自给自足的精神，因为每一位拓荒者为了自己的生存，与荒野斗争，相互斗争。[39]有研究支持了这种浪漫主义的观点。集体主义倾向在美国南方腹地最强烈,而个体主义倾向在美国西部山区和大平原地区最强烈。[40]与人口稠密的沿海地区相比,来自偏远的中西部各州的居民在个体主义方面的得分要高得多。在美国大选期间,像唐纳德·特朗普这种以自我为中心的代表个体主义巅峰的人,在曾经的边疆西部诸州如此受欢迎,而不是在更国际化的各州受欢迎,这可能并不是巧合。

至于支持这种自我构念的边疆假说的最有力证据,可能是对日本北海道居民进行的研究。[41]18世纪以前,北海道是人烟稀少的荒野。大约在那个时候,日本中央封建政府垮台,许多原本居住在日本南方主岛上的居民定居北海道。就像美国西部的拓荒者一样,第一批定居者也被鼓励开始新的生活。尽管日本南方主岛有着相互依赖和集体主义价值观的悠久传统,但是今天那些北海道原始定居者的后裔在独立性和自我关注方面的得分要高得多,与他们在南方主岛的同胞相比,他们更像西方人。决定不同自我构念的因素不仅仅是地理位置,更是社会如何逐步建立起来的历史渊源。

但是,情况正在发生变化。最近一项对78个国家在过去50年中进行的研究表明,随着经济的发展,全球范围内的个体主义水平正在不断上升。[42](甚至在集体主义文化中,代词"我"和"我的"的使用也在增加。[43])然而,我们越富有,我们对他人的依赖就越少——这就是为什么经济独立性的提高与离婚率的上升、独自住在较小的家中、不照顾父母或祖父母等相关联。[44]这样看,我们似乎为自己的生活方式付出了巨大的情感代价。如果个体主义正在全球范围内兴起,那么就会对人类使用和珍视财产,以此作为自我的物质组成部分的方式产生影响。除非物质主义可以与个体主义脱钩,否则我们需要意识到,人们将越来越多地把私有制视为确立社会地位的一种方式。如果出现这种情况,我们需要避免因过度消费而产生的相应问题。

自私的我

有时我们会把自己的东西送人,作为衡量我们是谁的一种方式。自我构念之所以与所有权如此相关,不仅是因为它反映了我们对财产的态度,也是因为它反映了我们处理财产的方式。所有权使你有权与他人分享你的资源。你不能分享你不拥有的东西,你也不能分享属于别人的东西。如果我们的所有物是我们自我构念的一部分,那么个体主义与集体主义处理财产方式的文化差异,可以解释在分享行为中观察到的世界各地之间的差异。与更关心他人的人相比,注重自我的人不太可能对他人慷慨解囊。

每一位家长都知道,必须不断地提醒孩子们要与他人分享,因为我们从小都相当地以自我为中心。让·皮亚杰将幼儿的心理世界描述为以自我为中心,并采用观点采择[①]游戏证明了这一点。在他的一项经典研究中,[45]幼儿坐在成人的正对面,他们之间的桌子上放着一个纸浆制成的山脉模型,上面有颜色和大小都各不相同的三座山峰。三座山峰也很容易分辨出来:这些山峰有明显的地标,如顶部有建筑物或十字架。然后向儿童展示从不同角度拍摄的山脉照片,并要求他们选择与他们所能看到的山脉相匹配的照片。他们还被要求选择与成年人所能看到的山脉相对应的图片。结果发现,4岁以下的儿童通常会选择与自己视角相符的照片,而不管成年人坐在哪里。皮亚杰认为,这表明这个年龄段的儿童还不能轻易地从他人角度看问题,因为他们非常以自我为中心。这就是这个年龄段的孩子很少自发分享的原因之一。但是,从很小的时候起,来自东方的儿童就被鼓励不要以自我为中心,因此,他们比西方同龄儿童更乐于分享,这反映了其集体主义教育方式。

值得注意的是,我们的自私从未真正消失。儿童和成年人在不被观察的情况下对慈善事业的捐款都更少,这表明,私下里我们仍然保留着自私的动机。[46]当儿童仿照成年人行动时,如果成年人表现吝啬,那么美国城市和印度农村的儿童都会减少分享,

---

① 观点采择(Perspective taking):想象理解他人的思想、观点、企图和感受的能力。——编者注

但是当在儿童面前做出慷慨行为时，只有印度儿童会增加他们的赠予行为。产生这种现象的一个原因是，东方集体主义社会更注重声誉，而个体主义社会的儿童则不太关心声誉。[47]但是与前面的实验类似，这种现象很容易被操纵。桑德拉·韦尔齐恩对印度儿童和英国儿童的系列研究表明，在进行分享之前仅仅要求儿童谈论自己，这两个国家的儿童就会变得更加自私。同样地，行为启动的效力表明，我们可以改变对自己所拥有之物的态度。分享行为是灵活的，并且受到特定环境背景的影响，但是如果我们接受提醒，我们的分享行为也会受到他人期望的强烈影响。

我们不太愿意分享我们的所有物的原因之一，并不是我们不考虑其他人，而是我们对自己拥有的东西考虑得太多。当我们思考自己时，我们更倾向于以任务为中心，特别关注与我们相关的事情。在一项超市采购的研究中，[48]参与者被要求根据商品图片上的颜色线索，将一系列日用品和家居用品的图片分别归置到红色或蓝色的购物篮中。然后，他们被要求想象自己赢得了其中一个购物篮里的所有物品。分类结束后，参与者们接受测试，看看他们能记住多少个项目。相比于其他购物篮中的项目，无论是成年人还是4岁的儿童，更多地记住了他们所赢得的项目。[49]这被称为"自我参照效应"，是指以自我为参照编码的信息比以他人为参照编码的类似信息更容易被记住。[50]

这种加工自我参照信息的优势在大脑中表现为内侧前额叶皮

层的激活，这一皮层位于太阳穴，但是当与所有权相关时，也会触发外侧顶叶皮层的相应激活，外侧顶叶皮层位于耳朵上方再往后一点儿，它通常在物体加工时被激活。[51] 换言之，当物体被加工时，它们会被赋予额外的所有权标签，该标签会在我们思考自己时所激活的大脑区域中进行表征。这就解释了与东方被试相比，为什么西方被试的自我参照和物体加工的网络激活更强。[52] 相反，当涉及思考他人时，东方被试反映自己与他人关系的大脑区域的激活更强。

如果东方人看待世界是以集体主义的方式，这是否意味着他们对社会地位不那么痴迷？如果是这样的话，他们是否就不太可能追求社会地位呢？与此相反，亚洲是奢侈品最强大的市场之一。通过炫耀性消费来相互竞争，让别人看出自己是成功的，这种现象如何与强调群体认同的传统集体主义价值观相吻合？如果印度社会被认为是集体主义和关注他人的社会，那么一个印度农民怎么会为一次直升机之旅挥霍无度呢？

市场营销专家沙伦·沙维特认为，除了个体主义－集体主义维度外，社会文化中还存在关键的垂直－水平维度，这可以解释这种明显的矛盾。[53] 在具有垂直结构的个体主义文化中，包括美国、英国和法国等国，这些国家的人通过竞争、成就和影响力脱颖而出。他们可能会认同诸如"获胜就是一切"和"我的工作比别人做得更好很重要"之类的说法。然而，具有水平结构的个体主义文化，包括瑞典、丹麦、挪威和澳大利亚等国，这些国家的人认为自己是自力更生的，与他人地位平等。他们更可能同意诸如"我宁愿依靠自己而不是他人"和"我的个人身份独立于他人，对我来说非常重要"之类的说法。相比之下，具有垂直社会等级的集体主义文化，包括日本、印度和韩国等国，这些国家的人注重遵从权威，增强群体凝聚力和自己在群体中的地位，即使这需要牺牲自己的个人目标。他们更可能会说，"照顾家人是我的责任，即使我必须牺牲自己想要的东西"，以及"尊重团队做出的决定对我来说很重要"。具有水平结构的集体主义文化，如巴西和其他南美国家，其特点是热衷于交际和友善随和的社会性与假定人人平等的平等主义。他们更倾向于认同"对我来说，快乐就是与他人共度时光"和"同事的幸福对我来说很重要"等说法。

当社会文化具有垂直结构时，社会成员仍然会通过炫耀性消费来追求社会地位，无论他们的自我构念是独立的还是集体主义的。水平结构的社会文化会更厌恶炫耀性消费、吹嘘和显摆自己，更有可能提倡谦逊或不那么出类拔萃。这些维度也解释了为什么市场营销人员需要对一个国家的文化结构保持敏感。在丹麦，广告更倾向于注重个体身份认同和自我表达，而在另一个同是个体主义社会但具有垂直结构的美国，广告则更可能强调社会地位和声望。[54]

人与人的大脑在出生时基本相同，但是新兴的神经科学研究表明，不同的文化自我构念表现出不同的大脑激活情况。这些变异从历史、政治和哲学的视角反映了我们的大脑在发展过程中由生物文化的影响而塑造，并不是通过进化与生俱来。如果所有权是我们自我构念的主要组成部分，那么我们抚养孩子的方式决定了他们对待自己所有物的态度。

损失的心理预期

当谈及获得和失去自己的所有物时，我们对所有权的价值观应该反映了理性的经济学选择。几个世纪以来，经济学一直是由亚当·斯密和约翰·斯图尔特·米尔等人提出的供求关系数学模型所主导。然而，正如我们在前面讨论慈善捐赠时所指出的那样，这种理解市场交易的数学方法并没有考虑人类的行为。当涉及买卖行为时，人们的行为并不理性——几千年来，成功的商人早就知道这一点。一个好商人不仅可以从顾客表露出的情绪中识别出潜在的买家，而且还可以利用顾客的情绪来操纵他们的购买行为："想想，这东西如果是你的，你得有多耀眼！"强行推销始终会对潜在顾客的情感弱点造成伤害。尽管如此，包括斯密等人在内的许多学者还是基于理性行为和利润最大化来建立模型，用以描述经济学如何运作。当两位以色列心理学家丹尼尔·卡尼曼和阿莫斯·特沃斯基在耶路撒冷古老的街道上漫步，思考人类如何做出决策时，一切终将发生改变。

我们都已经通过诺贝尔奖见识了卡尼曼的学术成就，但是他获奖的大部分研究是与他已故的朋友和同事阿莫斯·特沃斯基合作完成的。因为他们具有开创性和创造性的工作，他们被称为"心理学界的列侬和麦卡特尼"（借用英国披头士乐队两位成员名头）。[55] 卡尼曼和特沃斯基，他们都是犹太拉比的子孙，都会沿袭犹太教典籍《塔木德》采用的塔木德式传统，对诸如"冒险赢100美元还是更稳妥地打赌赢46美元，哪个更好"之类的问题进行有条理的结构化辩论。他们会一次又一次地提出关于选择的问题，然后依靠他们的直觉来洞察人的心智。他们推断，如果有些决策行为看似不言而喻，那么对于其他人来说可能也是一样的。

这种检查自己心智活动的"内省"方法，可以追溯到心理学作为一门科学诞生之初，早期的心理学实践者如恩斯特·韦伯和古斯塔夫·费希纳最早系统地研究知觉的主观阈值。一盏灯要多亮你才能看到它？音量翻倍需要多大的声音强度？他们研究诸如此类的问题。这些知觉领域的先驱像物理学家寻找可以用数学方程描述的可测量的感受那样来解决这些问题。他们是测量人类心智的非物质维度的心理物理学家。

卡尼曼和特沃斯基采用同样的内省方法来构建人们对风险、博弈和其他金融交易事务的态度。就像早期德国心理物理学家做出的有关人类知觉的发现一样，卡尼曼和特沃斯基发现，人们对获得和损失的态度存在系统的偏差。试想一对双胞胎兄弟，他们做着完全相同的工作，在生活中有着完全相同的态度和目标，他们的一切都是一样的。有一天，他们的老板过来告诉他们，他们将得到一笔奖励：加薪 1 万美元或额外的 12 天假期。由于他们都对这两种奖励不感兴趣，所以他们掷硬币决定谁加薪，谁得到额外的假期。最后两人对掷硬币的结果都同样满意。现在想象一下，一年后，他们的老板又来了，说这次两人的奖励对调一下。之前加薪的那个失去 1 万美元，或之前度假的那个失去额外的假期，各自会有什么感受呢？

卡尼曼和特沃斯基指出，尽管每一笔奖励都是相同的，但是双胞胎中的任何一个人仍然会不愿意调换。他们称之为"损失厌恶"，这也是标准的经济学模型在这种情况下无法预测人类决策的原因。[56] 如果两种资源的价值相等，那么它们应该很容易互换。然而，一旦确立或拥有，人们就不会这样对待它们。当对经济决策进行推断时，需要考虑人类思维中的偏差。为什么人类的理性思维如此易变？

在卡尼曼的畅销书《思考，快与慢》(*Thinking, Fast and Slow*)中，[57] 他认为人类的心智有两条通往决策的途径：系统 1 运行迅速且凭直觉，通常依赖于情绪化的"第六感"；而系统 2 运行缓慢且深思熟虑，往往通过理性逻辑和推理做出决策，速度要慢得多。当我们采用这两种类型的思维方式解决问题时，往往会产生冲突。标准的经济学模型是建立在系统 2 的冷酷无情、严格的逻辑性和理性之上，但人类往往屈服于系统1的快速和符合直觉的偏差，这就是为什么我们的决策在不考虑情绪的情况下显得不合逻辑。当你理解了这两个系统之间的区别时，与所有权相关的非理性方面才开始变得更有意义，这一点我们将在下面讨论。

输不起的人

想象一下接下来有这样一个赌局。我扔一枚普通的硬币，如果它正面朝上，你将损失10美元。我给你赌赢的收益要达到多少金额，你才愿意下注？我猜你会想要超过10美元，否则下注就没有意义了。那么，赌赢的收益要达到多少，你才会被诱惑下注呢？

平均而言，除非潜在的收益至少是20美元，否则大多数人不会下注。事实上，不管输的损失是10美元还是1万美元都无所谓，大多数人都想得到至少两倍的回报才会下这样的赌注。这是为什么？因为当涉及损失时，在我们头脑中，除非实质性的收益要大得多，否则相比于收益的心理预期，损失的心理预期会被大大增加。这种心理现象是由系统1造成的。想想许多普通公众在买彩票时所下的赌注，这时表现出来的损失厌恶是反常的。虽然买彩票中奖的概率比掷硬币的概率50∶50小得多，但是买一张彩票的成本完全被获得上百万美元的心理预期所淹没。在大多数人看来，成为百万富翁的机会虽然渺茫，但是这抵消了每周买彩票所可能付出的成本。当涉及需要在经济决策上冒险时，我们都不太擅长推理，这就是全国性彩票被称为"智商税"的原因。

但是，这不是愚蠢的行为，而是系统 1 在发挥作用。人们喜欢梦想成为富人，这也是他们赌博的原因之一。对许多人来说，大赢一场意味着更好的生活，会使他们更加幸福。显然，贫穷既非人之所好，也非人之所愿，但是财富并不总能给我们带来自己所预期的幸福。在 1978 年开展的一项关于财富和幸福的经典研究中，研究人员采访了 22 名彩票中奖者，他们中奖的金额从 5 万美元到 100 万美元不等。[58] 彩票中奖的相对随机性提供了一个机会，可以让我们在不考虑工作和努力的情况下，评估巨额财富对增进幸福感的价值。中奖者被要求评价他们在巨额彩票中奖之前的幸福程度，他们在中奖时有多幸福，以及他们对未来有多幸福的预期。他们还被要求评价自己从日常活动中获得的快乐程度，例如与朋友聊天、看电视、得到称赞或购买衣物。为了进行比较，研究人员向没有中彩票的邻居问了同样的问题。确切而言，虽然中奖者不是输家，但也并不是赢家。尽管中奖者得到了一笔意外之财，但是他们并不比邻居更幸福，反而他们在日常活动中的快乐程度明显降低。

这项对彩票中奖者的研究已过去 40 多年，其影响之大，并且违反直觉，以至它持续激发出后续的研究和争议。近年来的一项研究（发表于 2018 年）对 3000 多名曾经中过巨额奖金的瑞典彩票玩家进行了调查，其结果似乎与最初的金钱不会增加幸福感的说法相矛盾。[59]当被问及他们得到意外之财后至少5年他们的生活如何时，他们报告的总体生活满意度水平明显高于未中奖者。这主要是因为他们的个人财务之忧已经解除。然而，正如我们前面在卡尼曼关于涨工资的研究中所指出的，满足感并不等同于幸福感。就幸福感和心理健康而言，赢得巨额财富并没有使其显著增加。

除此之外，博弈也揭示了有关决策的所有权的有趣之处。如果是某个人做出决定，那么这个人通常不愿意改变自己的主意。刚下注后，赛马投注者比刚刚下注前更相信他们投注的赛马会赢。[60]做出选择使人产生了一种自己在掌控的错觉，[61]相对于被分配给他们的彩票，参与者更不愿意将自己选择的彩票进行交换。他们相信，如果他们做出了自己的选择，他们更有可能中奖。即使玩家可以因交换彩票而获得一定的奖金，他们也不会交换。[62]这并不是说他们相信魔法，认为自己运气好，而是他们报告说，如果自己交换了一张彩票并失去中奖机会，会使自己比坚持下去并失去中奖机会感觉更糟糕。[63]与前面的情况相同，说明情绪再次支配了决策。

我们大多数人不喜欢冒险，因为我们害怕失败。不仅仅是人类会规避风险，当性命攸关时，即使是最简单的生物体也会采取策略来避免风险。在我们进化史的深处，我们进化出了不喜欢冒险的偏差。对于大多数动物而言，正如俗话所说，一鸟在手胜过二鸟在林。但是，避免一切风险也不是好策略。就像我们之前提到的经济学游戏一样，你需要平衡风险与收益的潜在优势，因此策略必须进化到足够灵活，以此作为适应性遗传给未来一代。

通过计算机模拟，研究者对超过1000代的个体风险行为的繁殖成功率进行建模，结果表明，对厌恶风险的偏好只会在小的群体中逐渐形成，尤其是在150个成员或更少成员的群体中。[64] 了解进化心理学的读者可能对这个数字非常熟悉，因为它与邓巴数相吻合。邓巴数是以进化心理学家罗宾·邓巴的名字命名的，邓巴计算出150是生活在一起的一群原始人的最佳数量。[65] 此外，从数学模型得出的损失厌恶偏差（为使你放开手中那只鸟，林中鸟需要达到的最小数量）的大小是2.2——这个值非常接近于我们大多数人需要20美元才能接受一个可能损失10美元的赌注的比例。

并非所有人都厌恶风险。来自瑞典的双胞胎研究对比了3万对被一起抚养长大与被分开抚养长大的同卵双胞胎和异卵双胞胎，这些研究使研究人员能够确定环境和童年经历对塑造行为的影响程度，以及基因对行为的预测程度。[66] 当涉及具有风险的金融决策时，例如投资股市，这些双胞胎研究表明，大约1/3（30%）的冒险行为的变异与我们的生物基因有关。尽管这听起来令人印象深刻，但是它确实意味着对冒险行为的主要影响（剩下的 70%）并不受我们基因的控制。相反，它可以归结为与我们的生物基因相互作用的生活经历。

与所有权有关的重要决策不仅仅是我们头脑中冷静计算的系统 2 的数学方程，还有激发我们大脑情绪中心的系统 1 的活动。[67] 得与失就像同一枚硬币的两面，它们在不同的神经回路中被加工，为了做出决策，我们的大脑会权衡得失的可能性。虽然我们可能会挥舞着拳头，感受胜利带来的喜悦，但是这与失败带来的消沉、令人懊恼的痛苦不能比，失败的痛苦在我们的五脏六腑里翻腾，而且持续时间似乎更长，因为悔恨是一种比快乐更强大的情绪。当我们预期以低价购入时，大脑深处腹侧纹状体区域的奖赏中心就会被激活，就像它在预期其他积极体验时一样。[68] 但是，面对交易损失的心理预期，包括脑岛和杏仁核在内的惩罚和疼痛回路被激活，这些回路通常与痛苦经历有关。

除非我们是能够对交易不产生情感联系的专业交易者，否则我们所做的每一个决定都是我们大脑中的神经系统在获得的潜在快乐与付出的痛苦之间做出的一次权衡。这就解释了为什么服用止痛药会降低持有者在出售物品时所要求的价格。[69] 对厌恶风险的人而言，预期损失比预期收益会产生更强的神经反应，所以脑成像甚至可以预测哪些人更厌恶风险。[70] 当商人试图向我们出售不是我们真正需要的东西时，他们所依赖的正是这种情绪化的较量，这就是为什么他们知道吸引我们心灵比吸引我们头脑的买卖更有可能成功。

想要不同于需要,因为"想要"更多地与我们从能够拥有的东西中来寻求心理满足有关。但是我们可能失去的东西似乎才是影响决策的主导力量,因为这些所有物能显示我们的地位和个性,我们就会格外介意失去它们。

第7章　放手

一鸟在手

20世纪70年代初,还是一名年轻经济学毕业生的理查德·塞勒提到,他认识的一位教授是葡萄酒鉴赏家,该教授在买卖方面有两条规则。第一,他不会买任何一瓶超过35美元的红酒;第二,他也绝不会以低于100美元的价格卖出一瓶红酒。这种策略意味着他总是可以盈利,但这并不合逻辑。假想,你买了一瓶35美元的酒,在成本基础上再加上可能导致估价变化的所有其他因素,如物流费用、通货膨胀等,为了盈利,你理应以高于最初买价的价格出售。然而,正如塞勒所说,人们总是一次次地赋予自己的所有物远高于其他人愿意支付的价值。虽然这点似乎显而易见,但塞勒的发现标志着行为经济学这个新领域的开端,而这也最终使他获得了2017年度的诺贝尔经济学奖。

行为经济学将心理学偏差概念应用于经济决策,并通过引入人类决策的变幻莫测,颠覆了传统的标准商业模型。在卡尼曼和特沃斯基的"前景理论"中,他们提出了一套塑造我们决策时所用的推理方式的心理学原则。[1]正如我们计算自己的社会地位,或者计算购物所带来的短期快感一样,我们的大脑存在偏差。如上文所述,第一条原则是:我们评估环境中的任何变化都是相对于某个参照点进行的。我们对于当前得失的计算依赖于我们过去所拥有之物。从品尝一杯饮料的甜味到无数次看同一场戏的无聊,我们当下的体验受过去发生事件的影响。还记得我们大家都服从的享乐适应效应吗?我们都会把当下的体验与过往习惯了的体验做比较。卡尼曼和特维斯基提出的第二条原则是:任何变化都是与你当前拥有的价值相比较而言的。所以影响决策的不仅是过去的体验,还有你当下的处境。比如,一个极度饥饿的人会接受任何施舍,即使他过去可能很富有。最后,也是最重要的一条原则:在我们的头脑中,损失的预期远比收益的预期更重要。正如俗语"一鸟在手胜过二鸟在林",我们需要至少有两只鸟在林子中,才愿意放飞手中的一只鸟。

当塞勒读到前景理论时,他发现人类的许多经济行为忽然变得可以理解了。当涉及所有权时,人们的决策是非理性的。正如前景理论所预测的那样,人们有一种固有偏见,即高估自己所有物的价值,而且这种偏见可以用风险规避来解释。就像猜硬币正反面这个简单的赌博游戏一样,平均而言,让人们放弃一件自己的所有物所得到的报酬必须是他们愿意为同样物品买单价格的两倍。[2] 买卖双方都试图从交易中获得最大收益，生意似乎就应该这么做，但之所以会这样，主要原因可以归结为所有权和卖方过分夸大的个人损失感。

一旦我们拥有了一件东西，我们就会高估它的价值。这种被称为"禀赋效应"的心理学偏差[3]是行为经济学中最稳定的现象之一。简言之，我们出售一件商品时所期望的价格要高于我们愿意购买同样物品的价格。卖方和买方之间总是存在不平衡，如果出售的物品是卖方的个人所有物，那么此现象就更加明显。

很多情境都会诱发禀赋效应。竞价拍卖有可能导致进一步的竞价抬升，这也是大多数拍卖行用来诱发狂热竞价的手段。[4] 仅仅拿着或触摸潜在的购买对象就足以触发禀赋效应。[5] 比如，当销售人员让你试穿一套西装，或邀请你进行新车试驾，他们就是通过让你体会到所有权，从而诱发禀赋效应，最终使你更容易完成购买行为。

虽然这种禀赋效应很常见，但并非普遍适用。研究人员在研究不同的社会和文化时有一个重大发现：个体主义－集体主义维度影响了禀赋效应程度。在一项著名的跨文化研究中，社会心理学家威廉·马达克斯和他的国际合作者们在美国、加拿大、中国和日本对来自西方和东方背景的大学生进行了研究。[6] 学生被指定为"买家"或"卖家"。卖家得到一个印有自己学校校徽的杯子，并假想该杯子曾经属于自己，但现在要选择一个自己认为合理的，低于 10 美元的价格卖出去。买家则被问到他们愿意花多少钱来购买这个杯子。正如所预测的那样，卖方的平均定价为 4.83 美元，是买方 2.34 美元平均报价的大约两倍。然而，当研究人员分别考察这些学生的文化背景时，来自西方文化背景的卖家要求的平均定价（5.02 美元）比买家报价（1.78 美元）高出得更多。相比之下，来自东方文化背景的学生要求的卖家定价（4.68 美元）和买家报价（3.08 美元）则更为接近。

接下来，实验者另外招募了一组中国学生，并在交易报价前掌握了参与者的自我构念程度（自己与他人的关系）。实验者让这些具有东方文化背景的学生写一段他们与他人的友谊和友情的短文，或写一篇关于他们独特的性格和技能以及如何脱颖而出的短文。当学生们被要求写关于他人的文章时禀赋效应会减弱，但如果他们写关于自己的文章时禀赋效应会增强。最后，研究人员让东西方文化背景的学生写下杯子对他们有多么重要或者有多么不重要，来掌握参与者与其杯子之间的关系。对于西方学生，这种有意的掌控增强了他们的禀赋效应，却对东方学生产生了相反的效果。换言之，强迫学生把注意力集中在其所有物上，使得西方学生更看重自己的物品，而东方学生则反过来不那么看重了。显然，禀赋效应并非不可避免，而是反映了我们的自我构念与所有物之间的关联，并受到个体主义或集体主义文化规范的影响。

如果禀赋效应是由文化塑造的，那么在文化开始对儿童产生影响之前，我们能在儿童身上发现这种效应的端倪吗？我们决定通过启动自我或他人对玩具的重视程度来研究幼儿禀赋效应的形成过程。通常，西方儿童一般到5—6岁时才会出现禀赋效应，[7]因此我们选取3—4岁的儿童作为实验对象。在这个年龄阶段，他们还很难理解价值的概念，但是如果他们把一个玩具放在了带有笑脸的图标上，而把另一个玩具放在皱着眉头表情的图标上，我们可以认为孩子们会更喜欢第一个玩具，这也反映了两者之间的相对价值。

图 7-1　用于测量学龄前儿童对玩具的相对评价的笑脸量表

我和桑德拉·韦尔齐恩首先让学步期的小朋友把不同的玩具放在笑脸量表上，从而确定他们能够理解这个游戏，然后给他们两个相同的陀螺玩具。如果小朋友把两个陀螺放在同一张笑脸上，那就表明小朋友认为两个陀螺价值相当。然后，桑德拉递给小朋友其中一个陀螺，让他们画一幅关于自己、朋友或农场场景的画。之后，她让孩子们再给两个陀螺玩具评分。就像前面马达克斯实验中的成年人一样，那些被要求画自己的小朋友更看重他们自己的陀螺，而非另一个完全相同但不属于他们的陀螺。因此，在这个实验中，我们能够通过让孩子们更关注自我，而在一个通常不存在禀赋效应的年龄诱发该效应。[8]

如果高估所有物价值的偏见与自我构念有关，那么近期关于孤独症个体缺乏禀赋效应的发现与这一解释是一致的。[9]孤独症个体的自我构念的表达不同于正常个体。患有孤独症谱系障碍但无语言缺陷的高功能个体，在讲话时难以使用第一人称代词"我"（"I"和"me"）[10]，并且自传体记忆存在缺陷。[11]也许这种对自我心理概念的不同意识状态，可以解释为什么孤独症个体不像我们大多数人那样，高估自己所有物的价值。

个体－集体主义之间自我构念的差异也可以解释禀赋效应中的文化差异。比如坦桑尼亚北部的哈兹达部落，是世上仅存的依赖狩猎为生的部落。正如我们在前几章中所讲，该部落的成员只拥有很少的个人物品，实行按需分配的政策，如果某件物品没有正在被使用，部落成员可以自行取用。那么在使用适应他们文化的物品的交易实验中，许多哈兹达人没有表现出禀赋效应，也就不奇怪了。[12]为什么会这样？

一个原因是，以狩猎为生的人除了携带游猎必须的物品之外，个人物品很少。在游猎过程中他们能携带的物品很有限，所以财产对他们而言并不重要。这也是为什么该部落采用按需分配的方式，以此优化所需要携带的材料和资源。然而，对于受到西方文化影响的哈兹达人，则成了有趣的例外。当人类学家研究这些个体时，他们发现，那些频繁与游客接触或者有市场交易经验的哈兹达人，会表现出禀赋效应。如果哈兹达人被迫与西方人做交易，哈兹达人也会表现出对所有物价值高估的偏见。

交易者若想成功，就不能有过强的禀赋效应。如果卖方总是把价格定在人们出价的两倍水平，那么他们很快就没生意做了。这解释了为什么如果一个人有过交易经验，他们的禀赋效应会降低，所拟定的价格会更接近顾客愿意购买的价格。[13] 相应地，脑成像研究发现，损失对有经验的交易者造成的痛苦较低。与没有经验的交易者依然倾向于把交易看成损失相比，有经验的交易者在面对损失时其脑岛负责加工负性损失的中心脑区的活跃度较低。[14] 然而，目前还不能确定，禀赋效应的减少是因为交易者经验的累积，还是因为那些最后成功的交易者在一开始就对财产的依恋程度较低。虽然禀赋效应可能是系统1为了避免损失而产生的一种偏差，但是它可以被我们赋予财产价值的文化背景以及谋利的目的性所克服。

追求的快感

到底是什么驱使我们去获取？为什么有些人说自己是购物狂？你可能会认为这是由于购买行为本身是如此的令人满足，但正如许多深度购物者所说，对购买行为的心理预期才是最为强大的因素。人们会为此陷入疯狂。平日守法的公民可能会变成无法无天的暴民——越来越多的"黑色星期五"现象就是明证,受到获利预期的驱使,购物者为抢购特价商品而争吵,有人甚至死于抢夺特价商品造成的踩踏事件。[15]

针对威廉·詹姆斯的名言"一个人的自我是他所能够称之为他拥有的一切的总和",让-保罗·萨特进行了改写:"人不是他已经拥有的东西的总和,而是他本可以得到,却还没有拥有的东西的总和。"对萨特来说,定义我们是谁的是对目标物的追求,而非获得该物本身。他的见解与动机领域的神经科学发现相一致。大脑中,对于你是否已经拥有,或者你是否渴望拥有某物,具有不同的运行机制。[16] 已被视为自我延伸的物品,被纳入产生自我感的神经网络中。相反,你所想要的物品虽然也会激发自我感,但是它们同时也激发对新奇刺激和追逐快感产生响应的神经系统。这种"必须获得"的感觉,类似于苹果产品的爱好者看到最新一代苹果产品时的感觉。几年前,有一段时间我酷爱收集线上购物平台 eBay 上竞拍的旧电影海报。我会登录网站参与海报竞价,但这种获得海报的心理预期比实际收到海报更令人兴奋。等我收集了 50 多张海报后,我终于意识到我不可能把它们全部陈列展示出来,追逐的刺激感也随之消失了。

如果你仔细想想,就会发现我们花太多的时间追逐快感,而非享受快感。大多数愉悦体验的共同点是新奇——还记得柯立芝效应吗?正如斯坦福大学神经学家布赖恩·克努森所指出的,历史悠久的人类探索行为，从跨越海洋到翻越高山，再到登上月球，都是以追求新奇作为驱动力的最好证明。[17] 成为"世界第一人"也是一种所有权的体现形式，这也是为什么我们庆祝并纪念这些完成壮举的人。相比需要时间和努力才能达成的成就，容易实现的目标的回报要少。这是为什么呢？

一种解释是大脑中存在激励我们达成目标的不同系统。位于脑干弯曲深处的腹侧被盖区是大脑中最古老的部分，支持所有生命攸关的重要功能。它包含的多巴胺神经元负责激活大脑对新奇刺激和奖赏响应的动机系统。其中一个位于脑干顶部的区域是纹状体，它是一组相互关联的控制着我们的惩罚和奖励相关行为的系统。1954年，来自麦吉尔大学的加拿大心理学家詹姆斯·奥尔兹和彼得·米尔纳正在研究大鼠大脑的学习机制。他们使用电极刺激不同的区域，意外发现了一个令人激动的现象：[18] 当把电极植入大鼠的隔膜脑区（相当于人脑中的纹状体），这些大鼠即使是以不吃不喝为代价，也会反复推动杠杆，从而触发短暂的刺激大脑的电击。它们沉迷于自我刺激，因为这令它们极为兴奋。腹侧被盖区多巴胺能神经元也投射到执行决策的前额叶皮层。这就是促使我们在追逐中获得激情的脑区。腹侧被盖区、纹状体和前额叶皮层共同构成了我们确立并追寻目标的动机回路。

在首次发现大脑中的奖赏中心之后，后续研究进一步证实了腹侧被盖区多巴胺能神经元会被一系列人类成瘾行为所激活，包括性、毒品和摇滚乐。[19]在这一系列成瘾行为中，我们可以把购物加进去。一项研究发现，为了控制帕金森病，而给患者服用以改变多巴胺能活性的药物，其中一个副作用是会增加赌博、性成瘾和购物成瘾。[20]这些都与快感预期有关。正如电影《洛基恐怖秀》中的法兰克-N-福特博士取笑我们的那样，令人愉悦的是期待，而非征服。就购物而言，克努森和他的同事证明了购买降价货物的心理预期激活了腹侧被盖区，而高价或经济损失则在大脑脑岛区域的厌恶中心出现激活。[21]

我们假设消费主义的动机是因消费获得的快感，但事实上，是这种对快感的追求迫使我们不断地用物品填满我们的生活。当我们被激励去获得时，这种追求获得的过程本身，对于我们就是一种奖赏性的目标。如果我们未能实现这一目标，我们可能会感到失望或受挫，但同样，完成该目标也不能让我们满意，因为获取物品很少能带来我们预期的快乐。即使购物确实为我们带来了快乐，这种情绪也很容易习以为常，所以我们再次出发去寻找下一个必须得到的物品。

在我们未得到想要之物之前，我们的大脑已经开始享受预期获得的快感。一旦我们拥有了它们，我们就赋予自己的财产过高的价值，因为它们是我们自我的延伸。问题是，大多数人很快就习以为常，然后又开始下一次征服。这些都是强大的情感驱动力，不容易因我们所拥有的而满足。有些人永远会买买买，这最终会控制他们的生活，他们也会被所有权窒息。

无法放手

最为极端的一种异常所有权形式表现为囤积症，也是让大众尤为感兴趣的一种情况。美国有线电视网 A&E 的一个名为《囤积者》(Hoarders) 的电视节目带来了破纪录的观众数量。然后，出现很多相关的衍生节目，如《救救囤王》(Hoarder SOS)、《邻家囤王》(The Hoarder Next Door)、《英国囤积王》(Britain's Biggest Hoarders)，甚至《囤到窒息》(Hoarding-Buried Alive)。事实证明，关于囤积者的节目会给很多观众带来窥探他人隐私的快感，也许是因为很多人喜欢从他人失调的生活中找乐子吧。

囤积有着深刻的根源。许多动物都会囤积食物，昆虫、鸟类和哺乳动物都有储存食物的习惯。囤积症可以被认为是一种已经失控的觅食行为。在西方，每年圣诞节和新年，超市虽然只会停业几天，但在这些节日前夕，却经常会出现货架空空如也的情况，因为大众疯狂抢购，以确保自己在节日期间有东西可吃。即使在经济繁荣时期，资源已然很丰富，每家每户都仍然会在冰箱里储藏大量食物，在储藏室里存放大量罐头。虽然在经济不景气的时候，囤积食物以防不测的确是一个好的策略，但人类的不同之处在于，我们会储藏一些没有内在价值的物品，甚至妨碍了我们的健康生活。

囤积症是一种特殊形式的对物品的病理性收集。患者无法丢弃物品，以至他们的家变得杂乱无章，甚至没有空间自由走动。当这些房屋存在严重失火隐患时，往往会引起地方当局的注意。与痴迷于寻找特定物品的强迫症收藏者不同，囤积者几乎什么都收集。虽然最常见的物品是报纸和杂志，但是真正的囤积者几乎什么都不扔。

大约50个人中就有一个人存在囤积问题，他们囤积的物品数量过多，最终会影响他们的生活。囤积问题可以从儿童时期开始，但发生率随着年龄的增长而增加，每增加5年就增加20%的概率。[22]囤积大量物品会对健康造成威胁，甚至在少数情况下，会因堆积的物品倒塌造成人被压死的死亡事件。[23]澳大利亚墨尔本消防局估计，对于50岁以上的人群，可预防的火灾造成的相关死亡中，有1/4是囤积问题所致。[24]

囤积症的产生有很多原因，包括家族中的遗传因素。[25]它有许多相关的致病因素，包括焦虑、抑郁、负性生活事件、不幸的童年，以及与冲动抑制和掌控想法相关的各种认知功能障碍。虽然囤积者经常解释说他们囤积的物品可能有一天会派上用场，但囤积的一个共同点是害怕失去。囤积者通常会找理由来合理化自己的行为，比如断言物品是有价值的或有潜在价值的，可以重复使用，或者物品是其自我身份认同的一部分。在上述这些情况下，囤积似乎提供了一种舒适感和熟悉感。[26]

过去，囤积被认为是强迫症的一种亚型，但现在被归类为独立的一种精神疾病。甚至有证据表明，囤积行为会激活与强迫症不同的大脑区域。在大脑扫描的实验过程中，囤积症患者和强迫症患者分别看到自己的信件或他人的信件被粉碎。[27]当他们不得不决定是保留还是粉碎信件时，与强迫症患者相比，囤积者体验到更高程度的焦虑、犹豫不决、悲伤和后悔。这些情绪与大脑额叶区域的回路有关，额叶区域通常与抑制和评估危险情况有关。[28]此外，大脑激活的程度可以预测他们囤积障碍的严重程度，以及当想到要丢弃物品时他们自我报告的不适感。囤积症患者在预期失去东西时甚至会出现生理上的恶心感觉。

这或许并非巧合，这些大脑区域恰好是被禀赋效应激活的同一区域，与对个人物品的价值高估相关。[29]从某种意义上说，囤积者展现了极端形式的自我概念的延伸，因为只有物品被自己拥有时，囤积症才会显现出来。我们所拥有的一切物品在大脑中都被注册为"我们自己的"，而非别人的。大多数人可以随时更新、替换、延续或放弃他们自我概念在物质层面的延续，然而囤积者却因为害怕失去自我而害怕丢弃任何所有物。他们可能会将自己的行为合理化为有远见的节俭，但综合考虑他们在精神和身体健康方面付出的代价以及人际关系的成本，这种囤积行为根本不划算。

有些物品比其他物品更私密，因此更被认为是我们的一部分。对大多数人来说，他们的家也许是其自我最明确的延伸，因为我们大多数时间在家中度过，我们的身份与家有着错综复杂的联系。当我们说某事或某人给我们"像家一样"的感觉时，我们描述的是一系列令人安慰、安全和安心的特征。"自制"和"家庭烘焙"都是能唤起个人情感的描述。我们谈论的家有着心灵和灵魂，仿佛是有生命的实体。我们最强烈的一些感受是与我们的家相关的东西，这就是为什么我们如此拼命地捍卫我们家园的所有权。

面对财产损失，一些人采取极端措施防止任何人轻易拿走他们所拥有的物品。如果留不住，他们甚至会故意毁坏物品。显然，每个房地产经纪人都有骇人听闻的案例可以讲。[30] 当面临房屋所有权变更时，有人会将房屋弄脏、做手脚或毁坏。然而，最严重的类似恶意行为并非针对财产，而是针对被认为是他人财产的人。

全世界范围内，造成育龄妇女死亡的主要原因是被现任或前任伴侣谋杀。[31] 在许多情况下，这种暴力是由害怕与某人分离或失去某人的威胁造成的。在面对损失的终极自我毁灭行为中，一些精神错乱的伴侣，通常是没有犯罪前科的男人，在自杀之前，会毁灭他们的家庭和财产。[32] 如果不是因为扭曲的自我感和所有权，还能有什么原因会让人们做出这样的破坏性行为呢？

类似西方家庭毁灭的另一种体现，是亚洲文化中所谓的荣誉谋杀，通常针对被认为让家庭蒙羞的女儿和妻子。虽然该情况主要发生在中东和南亚国家,但世界各地都有为维护荣誉而杀人的现象。无论是毁灭家庭还是荣誉谋杀,这两种悲剧情景中,自我认同的完整性都被认为受到了侵犯,尽管在西方更多是作为个体,而东方则是作为家庭。这些骇人听闻的罪行是我们平常对所有权的正常态度被歪曲后的产物。我们自然而然地认为配偶和家庭成员是我们自己的延伸。我们都将经历亲人的死亡,这就是为什么吊唁时说"我为你的损失感到遗憾",它对这种所有权关系把握得恰到好处。然而,这些个人关系并没有赋予终极的所有权行为——"处分权",即以我们所希望的方式随意对待财产,甚至进行破坏。

心之所在即为家

1997年,护士苏塞特·凯洛一生都梦想着住在一所能俯瞰水面的古朴房子里。后来,她在福特朗布尔地区买了一幢需要翻修的维多利亚式房子,梦想终于得以实现。房屋位于康涅狄格州新伦敦的工人阶级社区,可以俯瞰泰晤士河[①]。苏塞特很喜欢她的房子,并全身心地投入房屋修缮中。她决定把房屋漆成粉红色——本杰明·摩尔涂料公司的"奥代萨玫瑰"色。虽然房屋位于镇上的破败社区,但至少是属于她的。

[①] 这里的泰晤士河位于美国的新伦敦市,新伦敦市是美国康涅狄格州新伦敦县的一个城市。——译者注

然而不到一年后，她的生活被卷入风波。苏塞特并不是唯一一个想找到临河好屋的人。为了振兴该地区经济，并带动投资从而创造新的就业机会，新伦敦发展公司计划将福特朗布尔地区重新建设成为一个为跨国制药巨头辉瑞公司量身打造的繁荣海滨区域。

入住新房7个月后，苏塞特收到新伦敦发展公司的通知，她的房子以及大约90处其他房产，根据一项"土地征用权"的法律，受到强制购买条令的约束。并不是每户居民都愿意搬家，其中一些居民世代居住于此。苏塞特的邻居威廉明娜·德里夫人出生在她住的房子里，她想在那里度过余生。金钱不足以补偿这一愿望。对于苏塞特·凯洛来说，这不是钱的问题，而是原则，她在随后的法庭诉讼中成了首席原告。

这场法庭上的斗争持续了近10年，直到2005年"凯洛诉新伦敦市"一案最终在美国最高法院结束。城市方辩称，重建该区域是供公众使用，因为它将为贫困地区带来经济增长。这场卑微房主与大型制药公司之间的对峙就像牧童大卫与巨人歌利亚的决斗，尽管引起了广大群众的愤怒，但最高法院法官还是以5∶4的投票结果做出了有利于新伦敦市的裁决。福特朗布尔的房产将被强制购买，然后用推土机推倒重建，为辉瑞想要的新城镇让路。

"凯洛诉新伦敦市"案的判决引起了轩然大波，在全美范围内引发了激烈争论。公众对该案判决的不满程度达到80%—90%，这一数字高于美国最高法院许多其他有争议的案件。有些人则更为务实。《华盛顿邮报》和《纽约时报》都支持法庭判决，认为这合情合理，也是为了社会的大局利益考虑。但是自由论者义愤填膺。在这个国家，人们本被赋予了甚至可以使用武力捍卫私有财产的权利，而这一判决的强制执行则意味着，为了商业利益，任何私有财产都可能被剥夺。

为什么人们如此愤怒？重建可以给社区带来更多潜在的经济利益，为什么苏塞特和她的邻居却如此不愿意搬家？当如此多的人迫切需要新发展带来的就业机会时，他们拒绝让步难道不是自私的做法吗？杰里米·边沁主张，功利主义驱使我们做出对大多数人最优的决定。或者，正如斯波克在《星际迷航2：可汗怒吼》（1982）中备受赞誉的死亡场景中所说，"多数人的需要大于少数人的需要"。

既然房主已经得到充分的金钱补偿，为什么还有如此多的怨言呢？为了调查"凯洛诉新伦敦市"一案背后的心理，芝加哥西北大学的两名律师进行了一项研究，探索多少金钱补偿才足够交换某块凭空假设的土地，以及谁最终拥有该土地是否真的重要。[33]通过在线调查的方式，他们给成年人呈现了不同的土地征用场景，包括假设一处房产的家庭已居住了2年还是100年。他们还变换了征用土地的预期用途，用于建设儿童医院、购物中心或未指定用途。受访者被告知，独立评估师对该房产的估价为20万美元，并将支付所有居民搬迁的费用。这些接受测试的成年人愿意接受多少金钱补偿呢？

这两位律师发现，土地的预期用途在人们的决策中并不起主要作用，但居住时间是影响人们决策的最重要的因素。大约20%的人愿意接受已给出的20万美元的出价，但80%的人想要更多。超过1/3的人希望再获得10万美元，但是约10%的人表示，他们将拒绝以任何价格出售土地：他们认为，如果他们的家人已经在这所房子里住了100年，那道德上，出售该房产就是错误的。然而，这种恋旧的态度在不同的文化中并非完全一样。在20世纪90年代香港回归中国之际，一些香港商人在加拿大温哥华买下了历史悠久的房子。他们对这些建筑的历史渊源并不重视，而是把房屋统统推翻，建造被当地居民称为"怪兽屋"的豪宅，占据了大部分土地，震惊了当地居民。[34]这个现象一部分是出于需要最大限度利用土地经济价值的决策，但也反映了文化差异。说到买房，中国人通常更喜欢全新的房产。一项针对在美国寻找住房的中国潜在购房者的调查显示，与西方人相比，中国人不仅喜欢新房，而且在购买房产时，房子的特点和独特性一点儿也不重要，而西方人更喜欢寻找有魅力的老建筑。[35]在东方人看来，当房主在旧物市场花大价钱去买他人房屋拆毁后剩下的装饰品，只因装饰独具风格，想装在自己家中，这种行为多么怪异！

回到新伦敦市那边，市政厅的官员们并不那么富有同情心。苏塞特·凯洛最终还是卖掉了她的房子，搬到了康涅狄格州另外一个地方。她仍然很愤懑，觉得她的家被偷走了。尽管最高法院做出了裁决，但她的邻居德里夫人仍在家中度过了余生，于2006年3月去世，那是法院裁决后8个月，却在她将被强行迁走之前。威廉明娜在一战结束那年出生，在离她出生地几英尺[①]远的地方去世。

凯洛的粉色小房子最终没有被收购者推倒。一个当地的建筑商（阿夫纳·格雷戈里）以1美元的价格从开发商手中买下了这所房子，并将其拆除，然后在新伦敦市中心重新组装。他向苏塞特提供了租下这所房子的机会，但她拒绝了。她想放下过去，向前看。具有讽刺意味的是，这座粉红色的小房子现在已经成为一个旅游景点，被列为康涅狄格州富兰克林街36号的历史建筑之一。

至于新伦敦发展公司承诺的招商引资和再开发计划，在辉瑞公司决定削减1 400个工作岗位并改变工作地址后，该项目"流产"。这座城市花了7 800万美元推平房屋，并为该地区的发展做准备，但这片土地至今空无一人，只有一大群野猫定居在这里。金钱最终战胜了感性的依恋。

---

① 1英尺＝0.3 048米。——编者注

动摇的地基

拥有自己的房子不仅仅是一种经济实力的证明，也是一种心理上对于身份的确认。在自然灾害中，家园被破坏的幸存者即使被安置在临时住所中，也会返回家园，这种现象并不罕见。2016年，意大利亚平宁山脉的历史名城阿马特里切遭到强烈地震袭击，几乎完全被夷为平地。在此次灾难的震中，航拍照片只发现了一座现代化的建筑没有被破坏，矗立在附近中世纪建筑的废墟中。100年前，阿马特里切附近的拉奎拉市在1915年的一次地震中，有大约3万人丧生。2009年，拉奎拉市再次遭受地震袭击，又造成300人丧生。你可能以为人们会从中吸取教训。与所有山脉一样，亚平宁山脉是由地壳上部的构造板块不断碰撞形成的，地壳运动迫使陆地向上弯曲和倾斜。这个地区位于非洲和欧亚大陆板块的断层上。在意大利，从过去到未来，将会持续面临强震和火山爆发等地质灾害，但意大利人不愿意搬迁，或者用抗震的现代建筑重建村庄。这种行为似乎很傻。

保留这些历史建筑也有其明显的经济原因，这些建筑是意大利旅游业的重要组成部分，每年创造价值1 800亿美元，但促成历史建筑保留下来还有更深层次的原因，即意大利人内心的所有权问题。专攻地震灾害的意大利结构工程师马可·库索指出："我们不是把不安全的建筑完全拆除，而总是试图修复或加固它，以保持这些建筑的原样，因为很多建筑是我们身份的一部分。我不知道这种做法是否正确，但事实就是如此。"[36]

当一个民族世世代代占有、生活及死亡在一片特定的土地上时，人们可以想象他们的身份仿佛渗入这片土地中。轻易放弃或出售土地将被视为禁忌，因为这将侵犯它的神圣价值。人们愿意为捍卫家园牺牲自己的生命，即使他们得到的替代土地更加适宜种植作物，也有更多资源。如果不是因为土地是身份的延伸，还有什么理由能让我们理解对于以色列土地的争夺呢？在很多外人看来，那片土地不过是一片贫瘠的沙漠。

心理学家保罗·罗津考察了以色列犹太大学生对交换土地的态度。[37]在回答"有没有哪一块以色列的土地，在任何情况下你都不愿意交易"的问题时，59%的人回答"耶路撒冷"。对于耶路撒冷中保留着重要历史人物遗骸的以色列国家公墓赫茨尔山，83%的以色列人说他们"永远不会为其他土地或任何东西而使用赫茨尔山做交易"。

耶路撒冷是一座迷人且神圣的城市，位于古老世界的中心。无论你走到哪里，你都能见到一些圣地或古代遗迹。它也是世界上最狂热的地方之一，在这里，所有权、领土和控制权方面的冲突和紧张关系始终处于一种刀刃上的平衡状态。这座古城被分成四个不同的区域，由不同的宗教团体控制——亚美尼亚人、犹太人、基督徒和穆斯林。甚至圣墓教堂也被分成不同的部分，由不同的宗教派别控制。哪些地方你可以去,哪些地方你不能去,完全取决于你是谁。

中东地区是一个蕴含复杂冲突矛盾的大熔炉,似乎永远不存在任何长期的合作与共存。7000多年前,随着农业的发展,现代文明开始在新月沃土产生。随着人们扎根此地,并伴随着农业和相关贸易带来的财富积累,这里不可避免地出现了所有权纠纷。从那以后,该地区的交战派系之间一直存在冲突,每个派系都声称自己对这片土地有历史主权。以色列与巴勒斯坦的局势只是一系列激烈争端中的一个例子而已。以色列是二战后幸存的欧洲犹太人于1948年建立的国家,但这涉及侵占以前由巴勒斯坦的阿拉伯人拥有的领土。从巴勒斯坦人的视角看,这就是窃取了他们的土地。

"intifada"一词是从意为"摆脱"的一个动词派生而来的阿拉伯语词汇,后指巴勒斯坦反抗以色列压迫的起义。1987年,巴勒斯坦发动了第一次起义,以摆脱以色列对约旦河西岸和加沙地带的控制。其实,有争议的许多领土都是贫瘠的土地,但其背后象征的价值是无价的。2000年,以色列政治家阿里尔·沙龙参观耶路撒冷圣殿山,这引发了第二次巴勒斯坦起义。耶路撒冷圣殿山是伊斯兰教最神圣的遗址之一。阿里尔·沙龙身为一名犹太人,对这个伊斯兰圣地的访问被认为是挑衅行为,从而引发了暴乱。值得注意的是,与耶路撒冷的大部分地区一样,圣殿山同时受到犹太人和基督徒的崇敬。这座古城的许多圣地都与历史事件或来自不同宗教的人物有关,在经历了各种入侵和冲突后,在几个世纪里多次易手。双方都在抢夺自认为合理的所有权。

中东战争看起来是因为宗教,但实际上,纷争也源于对掌控的渴望。然而,由于冲突是以宗教和神圣价值观为理由,冲突双方都受到更深层次的所有权意识的驱动。这是因为你永远无法交易自我认同的身份。谈判的解决方案必须考虑到这些存在争议的土地的神圣价值。提供经济补偿或其他补偿条件都是天真的,因为这没有考虑到与土地有关的情感联系。事实上,任何基于金钱的解决方式都会被视为是亵渎神明,因为这会为本应无价的东西定价。所以,双方都被迫继续战斗。

所有权让我们更快乐吗

通过所有权的力量,我们将自我延伸到这个世界上,我们通过我们的所有物向他人表明我们的身份和地位。影响我们的不是我们失去的财产的价值,而是它们在多大程度上代表了我们是谁。这种关系因人而异,也受到文化的影响,但在某种程度上,我们都通过所有权来构建自我感。这就解释了为什么我们想获取更多,以及我们为什么不愿意放弃我们所拥有的。且不说如何解决冷酷的物质主义和消费主义问题,如果要解决领土争端,那么我们就需要理解人类与他们的所属物品之间的这种特殊关系。

我们之所以会做出非理性行为,是因为我们把自我概念过分紧密地与我们拥有的东西联系在一起。然而,这内含讽刺。我们会高估我们所拥有物品的价值,不愿意放手,因为它代表了我们是谁,但我们也很容易对我们的大部分所有物习以为常。我们通过坚持不懈却又永远无法满足的追寻去获得更多东西,从而提升自我。这可能会让我们感觉更成功,但具有讽刺意味的是,在积累更多东西的过程中,我们越来越不满足。

毫无疑问,许多读者都会拒绝相信物质主义无法令人得到满足的说法。事实上,他们可能认为这本书所警告的信息与他们毫无关系。许多人相信,如果拥有更多超出所需的东西,他们就会满足,这也成为他们生命的全部意义。所有权是我们的道德、政治和世界观的核心,但解决这一争论的唯一方法是查看数据,不是来自一两项关于"怪异"的研究数据,而是来自尽可能多的关于调查物质主义和幸福感之间联系的研究。

这种研究被称为元分析研究,是科学的黄金标准。因为某一项研究中的那些科学家或研究小组有可能由于个人偏见而发现特定的研究结果,而元分析不依赖于任何一项研究,而是大量研究的平均结果,能够对该领域进行更加平衡和准确的评估,从而得出更可靠的结论。迄今为止,由埃塞克斯大学的赫尔加·迪特马尔和她的同事们进行的最新和全面的元分析表明,基于来源于250多个独立研究的750项测量结果发现,各种类型的个人幸福感都与人们对生活中物质追求的信念和优先顺序之间存在着稳定的负面关联。[38] 无论文化、年龄和性别,这一规律都适用。一些因素会削弱这种关系,但研究人员在任何情况下都没有发现幸福感与物质追求存在正向关系。

如果我们已经满足于所有权,那么我们就会停止获取更多的东西。但是,追求过程中的快感、对地位的渴求,以及失去的心理预期带来的巨大消极感觉都表明,所有权是人类最强烈的本能之一,很难受到理性的约束。当然,大多数人都认为自己是例外,但这也正是我们仍被所有权困扰的原因。

尾 声

冲向终点

  一个拥有漂亮房子、新车、好家具、最新电器的人，会被其他人视为已通过了我们社会的人生考验。

  ——米哈里·契克森米哈伊（1982）[1]

  对许多人来说，我们的财富证明了我们对于社会的价值：我们拥有得越多，我们就越有价值。这个观点当然是错误的，原因有很多，其中一个简单的事实是，所有权其实是以社会利益为代价的。如果我们仅仅为了累积一笔财富而看重所有权，那么我们就是在践行最终对他人有害的行为。我们拥有的越多，造成的社会不平等就越多。这不仅带来道德上的问题、环境上的灾难、政治上的混乱，而且科学证据告诉我们，对财富的不懈追求不仅无法让人得到满足，从长远来看，甚至让一部分人活得更悲惨。我们应该过更简单、更少混乱、更少竞争的生活。不幸的是，我们大多数人直到生命的尽头才终于明白这一点。

但我们的生活也不能没有所有权，因为所有权是维系我们这个社会的基础。所有权是一种激励。我们力争改善自己的生活。人们喜欢成功，并在努力改善生活的过程中以赢得所有权为驱动力。创新和进步主要是竞争的结果。当我们要打败竞争对手时，我们会努力提升自己，期待着最终收获成功的战利品。并非所有世界上最成功的人都只是为了坐在钱堆上盲目地积累财富。由比尔·盖茨、梅琳达·盖茨与沃伦·巴菲特于2010年发起的"捐赠誓言"，迄今已有187位亿万富翁愿意捐出他们的财富，这是对人类无法改变其占有欲本质的愤世嫉俗观点的一剂解药。其中许多人意识到，继承财富不仅不公平，而且会消除他们子女的个人自我实现和成就动机，成为对子女的诅咒。

无论在个体还是群体层面，所有权都是促使人类进步的机制，但它也孕育了潜在的破坏种子。我们如同着了魔似的，就好像有某种外部影响在控制着我们，这种控制性影响有其生物学基础。我们已经看到所有权是如何从地球上所有生命固有的竞争驱动中产生的。所有的动物都有竞争本能，但那些生活在社会群体中的动物已经进化出了保护和共享资源的策略。合作和分享也体现在其他动物身上，但所有权是人类特有的一种社会契约，因为它需要大脑具备很多能力，包括心智理论，详细沟通的意图，预测未来，记住过去，以及理解互惠、习俗、继承、法律和公正等概念。非人类的动物可能会以最基本的形式展现其中的一部分技能，但只有人类拥有建立所有权概念所需的全部要素。

正如边沁推测的那样，所有权虽然可能只不过是人类创造的一个概念，但它却足够强大，使稳定的社会得以出现。许多其他动物也生活在社会群体中，但它们却没有遵循使遗产得以继承的所有权原则。在非人类的动物社会中，等级制度随着世代更替不断变化，争夺统治地位的斗争也在不断进行。在人类社会中，所有权为有限资源的分配提供了相对连贯的、代代相传的机制。人类社会中的这种稳定性，使得我们可以从游牧的狩猎－采集生活方式转变为定居的社区生活，从而使农业、科技和教育得以蓬勃发展。简言之，所有权奠定了人类文明。但这也正是问题所在。奠定下来的规则难以改变，这就是为什么所有权造成的不平等如此根深蒂固。

2017年，一个名为"100美元赛跑"的视频在社交媒体上迅速传播，浏览量超过5 000万。[2] 该视频生动地说明了继承下来的财富和特权如何在生活中带来不公平的优势。100名美国青少年被告知，他们将排成一行赛跑，赢者获得100美元。但在他们开始赛跑之前，裁判会问若干道条件性问题。回答道"是"的青少年可以向前迈出两步；如果是"否"，他们就留在原地。跑步者被问到的有，如果他们的父母未离婚，就向前迈出两步；如果他们接受私立教育，就向前迈出两步；如果他们不缺钱，那么就向前迈出两步，依此类推。在大约 10 次这样的指令之后，赛跑还没开始，在最前面的领先者已主要是白人男性了，而留在起跑线上的大多是有色人种。即使后面的孩子尽最大努力，他们实际上已经输在了起跑线上。领先者所获得的所有优势都与他们的资质、能力、个人选择或决定无关。这些优势主要与继承的财富及随之而来的所有机会和好处有关。面对重重困难阻碍，那些没有这些先天优势的人怎么能成功呢？这就是所有权使得社会不公平持续存在的原因。

自文明诞生以来，我们一直在思考所有权的道德准则，并担心其带来的后果。但我希望本书能让读者了解我们痴迷于所有权的个人原因。所有权不仅仅是一个道德和政治问题，相反，对所有权的心理学研究揭示了我们的核心动机。我们拥有的一切是展示我们成功的一种手段。和其他动物一样，我们传递财富的信号进而增加我们延续基因的机会，但我们的所有物满足了一种更深层的需要，那就是被家庭圈子之外的人重视。对直系亲属的情感依恋在动物王国并不罕见，但我们人类的独特性在于想从整个社会寻求情感寄托，我们也希望陌生人注意到我们。正如亚当·斯密所指出的那样，富人以他们的所有权为荣，因为他们吸引了全世界的注意力。但并非每个人都能致富，因此这就造成了扭曲的竞争，而不再基于生物本能的需求。所有权本身已成为获得他人认可的动力。

我们的自我价值感几乎完全取决于我们相对于他人如何评价自己。正如我们之前所指出的，这种相对的比较是生命的一个基本过程，因为大脑把相对状态作为最有意义的衡量标准。一个神经元电活动的高峰仅在与其之前的活动及其相邻神经元的活动比较时才有意义。这一原则适用于神经系统的各个层面，从神经细胞的基本感觉处理，到复杂的我们与他人的比较以及我们的情感生活。如果别人赞美我们，我们会高兴。如果别人忽视我们，我们会感到绝望。

这种社会比较是愚蠢的，因为我们高估了别人意见的重要性。在评判他人时，我们也同样非常不准确。其他人对我们的兴趣关注不仅比我们想象得要少，同时，他们的观点也往往是浅薄的，受到偏见的引导，充满了错误。正如哲学家叔本华在1851年所警告的那样："任何非常重视他人意见的人，都太高看他人了。"[3]然而，谁能完全不受他人的看法影响呢？

Facebook 和 Instagram 等现代社交媒体的流行和影响，加重了我们对他人认可的依赖。当我们将自己的成功与他人进行比较时，社会比较会助长我们的不足感。正如小说家戈尔·维达尔所调侃的那样："每当一个朋友获得成功，我的内心都会受到一点儿伤害。"我们时常被提醒，其他人似乎做得更好，生活过得更充实。我们通过点赞来认可他人帖子的价值，我们转发他们的意见。我们会经历"害怕错过"——并认为其他人都被邀请参加最好的派对,而我们却被忽视了。就像假先知一样,我们拼命寻找追随者来证明我们的自我价值。我们如同猫鼬,总是保持着警戒的状态,但我们不是为了保护群体而监视该地区是否存在潜在威胁,而是在社交上炫耀自己,努力获得关注,拼命寻求认可。但社会比较的享乐跑步机①如同一台永不停歇的永动机。⁴得到的吹捧永远不会令你知足。

在一个人人都想出名的世界,社会流动性提供了一种登上顶峰的途径。但这也产生了一种不切实际的期望,即每个人都可以成为赢家。这是典型的支持个体主义和精英管理的等级社会。那些成功的人努力保持自己的主导地位,而那些处于劣势的人则一直在努力取代他们。精英领导制度不会为了让每个人都有机会上升而创造一个人人平等的竞争环境,而是使现状长久延续,因为我们会把社会中出现的不平等合理化。我们钦佩成功者,渴望成为他们那样的人,并且普遍认为,如果我们成功了,那么我们也应该能够享受我们的劳动成果。

但我们必须重新评估自己在这个星球上的时间。"老鼠赛跑"一词起源于早期对在迷宫中奔跑的老鼠的心理学研究,但它现在

---

① 享乐跑步机:心理学术语,人们对快乐的追求就像在跑步机上跑步一般,无论如何努力都前进不了,而且必须不断努力才能维持相同程度的快乐感受。——译者注

指的是现代工作实践所鼓励的对目标的不懈而无意义的追求，同时却未能重视非物质追求。正如我们前面提到的，一旦你达到过上舒适生活的基本条件，积累更多的财富并不会让你更快乐，而只是会让你更加肯定自己的成功，更确信你积累财富是正当的。我们的继承制度让我们放心，我们可以把财富留给我们的孩子，并知道他们借此将更好地完成自己的人生竞赛，但实际上，如果你已经给他们一个领先的起点，他们还能获得怎样的个人满足感呢？

不仅财富无法产生我们期望的幸福感，而且幸福的方方面面都需要重新考量。在现代，我们已经开始期待幸福是一项基本人权。"追求幸福"被写入美国《独立宣言》，而作为所有权文化基础的个体主义告诉我们，我们要对自己的幸福负责。如果你不开心，那是你的错，你需要做点什么。正如我在本书一开始所说，并在书中反复强调的那样，我们认为拥有财产能带来快乐——因此，当你感到不快乐时，需要购物疗法。虽然财产确实可以提供片刻的快乐，但这些快乐最终都会消退。出于这个原因，所有权并不能提供永远持久的幸福，同时，这种状态其实是古怪且不自然的。我们都会对经历产生适应，需要日常生活中的起起落落来帮我们感受生活中的阳光与风雨。如果一切都保持在同一水平，最终你会感觉麻木。

我们需要保持快乐这一假设本身也存在一些错误。受当今的市场营销和成功励志学的影响，我们在不快乐时会感到内疚，因此我们变得越来越不满意，总在通过购买东西来寻找让自己变得更好的方法。然而，在过去，当生活还是"肮脏、野蛮、短暂"时——正如托马斯·霍布斯著名的观察那样，不快乐被认为是一种正常的生活状态。事实上，一些宗教人士，比如新教清教徒，把耶稣的话"现在哭泣的人有福了，因为你们将要欢笑"，不折不扣地当作命令，在今世过一种不快乐的生活，以确保来世的幸福。他们主动抵制能带来幸福的世俗享乐。这些清教徒的观点已不再常见，但我们应该永远幸福的现代理想也同样荒谬。这种期望只会让我们永不满足，从而导致我们不断努力追求完美。

在疯狂的竞争中追求成功似乎就是答案，因为成功提供了可观的回报。这些奖励可能会吸引他人的注意和渴望，但同样也会激发负面情绪。当我们与他人比较时，嫉妒会露出丑陋的端倪，还有什么比我们炫耀的物质财富更加引人注目的呢？然而，人们有时会抵制这种炫耀。对那些拥有财产之人的嫉妒往往成为蓄意破坏的动机。负面情绪可以是良性的模仿，即我们希望成为另一个人，也可以是恶意的毁灭，即我们希望看到我们的竞争对手被摧毁。但就像良性肿瘤或恶性肿瘤一样，如果没有它们，你会活得更好。[5]

除了上述这些不切实际的期望之外，还有一种错误信念就是我们永远不会得到真正的重视，而这意味着我们永远不会真正得到满足。我们中很少有人会说"我认为我得到了应得的所有荣誉"或"我很幸运",至少在我们被车祸或疾病等危及生命的事件敲响警钟之前不会这样说。相反,我们会把我们的成功视为理所当然,然后开始实现下一个目标,并认为下一个目标会给我们带来自己所寻求的效果。我们可能会有短暂的感恩时刻,但这些时刻很容易被我们不断的比较所淹没。显然,问题不在于如何获得更多,而在于如何对我们所拥有的感到满意。这就是为什么沉思、冥想、正念或简单的反思能让我们获得短暂的幸福感,因为我们能仔细地品味当下,直到竞争欲望再次占据主导地位。

我们需要的不是更多的东西,而是更多的时间,来品味自己所拥有的一切。这正是科技最终可能将我们从没完没了的物质消费主义中解放出来的地方。但未来可能会有新的危机。正如西北大学凯洛格管理学院的创新学教授罗伯特·沃尔科特指出的那样,纵观历史,绝大多数人之所以工作,是因为他们不得不这样做。[6] 但自从工业革命以来,以及最近的信息时代,随着技术和人工智能不断改变工作环境,工作岗位正在迅速消失。如今,约10%的美国劳动力受雇于运输业。[7] 在一代人的时间内,自动化很可能会使这一职业过时,就像在工业化国家中农业劳动力大军不复存在一样。

科学进步可能造成技术性失业。如果将来我们所有人要做的工作都减少了,我们将如何消磨我们的时间?我向麻省理工学院社会学家雪莉·特克尔提出了这个问题,她回答说,技术性失业纯属虚构,因为即使我们制造了消除我们工作需要的机器,我们仍然会变老、变弱,需要与他人接触,得到社会支持。尽管在机器人和人工智能技术方面创新很突出,但我们永远不会真正建造出能够取代真人的机器人。即使我们能制造出与人类无法区分的复制体,我们也会一直核查它们是否真实。只有具备核心品质的真正人类个体,才能满足我们与其他人类建立联系的基本情感需求。

然而,科技最终将为每个人提供更多的时间,而考虑到时间是我们所有人都拥有的最宝贵的东西,那么我们多少有责任明智地使用它,而非用它去追逐财富。科技以及延长的预期寿命意味着我们将花更多的时间照顾彼此,并有望照顾我们共同的星球。我们需要从个人所有权的辖制中逃离,因为它将我们互相分离,并让我们在一个愚蠢的追逐中相互对抗,以获得超出我们所需的尽可能多的东西。所有权可能是我们的天性,但并不符合我们的最佳利益。我们需要摒弃这种占有欲。

致　谢

多年来，我一直在做关于所有权和分享的儿童发展实验，所以我本以为《被支配的占有欲：为何我们总想要更多？》应该是一本容易写的书。然而，事实证明，这比我预想的要困难得多，因为一旦你深入研究这个话题，你就会发现它几乎触及人类存在的方方面面。本书涉及广泛的领域，而且我知道我所扩展的领域已然超出了我的专业所长。即便如此，这些主题都是相互关联的，我希望我已经设法提供了一个将不同领域结合在一起的框架，让读者和我一样被这种有趣的结合方式深深吸引。

这本书是在始于2016年的政治动荡期间进行构思和撰写的，所以它无意中谈到了所有权与欧洲和美国当时局势的关系。唐纳德·特朗普总统饱受争议，本书出版后，他是否仍会掌权还无从知晓，但我坚信，他的世界观并非人类长期繁荣的方式。

我很高兴得到两位编辑的帮助——Allen Lane 出版社（企鹅

出版社子品牌）的劳拉·斯蒂克尼和牛津大学出版社的琼·博塞特——为这本差点儿就要过分发散并失去主旨的书，提供了诸多专业知识和智慧。我还要感谢我的文字编辑夏洛特·赖丁斯出色的工作。我要感谢我的经纪人卡廷卡·马特森从一开始就支持这个想法。

最后，我还要感谢塑造并影响我思维的同事和学生，并特别提及几个人。保罗·布卢姆不仅是一个好朋友，也一直是我灵感的源泉。当他在新奥尔良的一次会议上第一次听到我写这本书的计划时，他表现得非常热情，当然他总是如此，他的许多想法都在此书中有所体现。同时，我也从罗伯特·弗兰克、奥里·弗里德曼、拉塞尔·贝尔克和丹尼尔·卡尼曼的作品获得灵感。我还要感谢其他一些人，包括劳丽·桑托斯、帕特里夏·坎吉尔、安娜·基尔希、苏珊·库塞拉、高文·班特尔和阿什莉·李，他们提供了支持、很棒的想法和反馈。尤其是帕特里夏，她提出了许多原创且有价值的想法，它们在很大程度上构成了这本书的基础。最后，我要感谢桑德拉·韦尔齐恩，她不仅进行了大量关于儿童的研究，而且还是一位优秀的学生和朋友。她让我了解了詹代法则以及 hygge 的概念。当然，我还必须感谢长期以来对我都非常宽容的家人。

参考文献

引言

1 Gilbert, D. T. and Wilson, Timothy D. (2000), 'Miswanting: some problems in the forecasting of future affective states'. In J. P. Forgas, ed., *Thinking and Feeling: The Role of Affect in Social Cognition*. Cambridge: Cambridge University Press.
2 'Terrified grandad feared he would die while clinging to van as thief drove off', http://www.barrheadnews.com/news/trendingacrossscotland/14717683.Terrified_grandad_feared_he_would_die_while_clinging_to_van_as_thief_drove_off/.
3 'Mother clung to her car bonnet for 100 yards before being flung off into a lamppost as thief drove off with it', http://www.dailymail.co.uk/news/article-2549471/Mother-clung-car-bonnet-100-yards-flung-lamppost-thief-droveit.html.
4 Stephenson, J., et al. (2013), 'Population, development and climate change: links and effects on human health', *The Lancet*, published online 11 July 2013.
5 http://www.worldwatch.org/sow11.
6 https://yougov.co.uk/topics/politics/articles-reports/2016/01/08/fsafasf. Only 11% of respondents in this 2016 poll thought the

world was getting better, compared to 58% who thought it was getting worse.
7 Pinker, S. (2018), *Enlightenment Now*. London: Allen Lane.

第1章 我们真的拥有什么吗

1 *Finders Keepers* (2015), directed by Bryan Carberry and Clay Tweel. Firefly Theater and Films.
2 Van de Vondervoort, J. W. and Friedman, O. (2015), 'Parallels in preschoolers' and adults' judgments about ownership rights and bodily rights', *Cognitive Science*, 39, 184–98.
3 Bland, B. (2008), 'Singapore legalises compensation payments to kidney donors', *British Medical Journal*, 337: a2456, doi:10.1136/bmj.a2456.
4 Sax, J. L. (1999), *Playing Darts with a Rembrandt: Public and Private Rights in Cultural Treasures*. Ann Arbor, MI: University of Michigan Press.
5 Howley, K. (2007), 'Who owns your body parts? Everyone's making money in the market for body tissue except the donors', http://reason.com/archives/2007/02/07/who-owns-your-body-parts/print.
6 DeScioli, P. and Karpoff, R. (2015), 'People's judgments about classic property law cases', *Human Nature*, 26, 184–209.
7 Hobbes, T. (1651/2008), *Leviathan*. Oxford: Oxford University Press.
8 Locke, J. (1698/2010), *Two Treatises of Government*. Clark, NJ: The Lawbook Exchange.
9 Taken from transcripts for the Poomaksin case study, supra note 6. Knut-sum-atak circle discussion no. 2 (3 December 2003), Oldman River Cultural Centre, Brocket, Alberta. Cited in Noble, B. (2008), 'Owning as belonging/owning as property: the crisis

of power and respect in First Nations heritage transactions with Canada'. In C. Bell and V. Napoleon, eds., *First Nations Cultural Heritage and Law, vol. 1: Case Studies, Voices, Perspectives*. Vancouver: University of British Columbia Press, pp. 465–88.

10 http://www.hedgehogcentral.com/illegal.shtml.

11 Buettinger, C. (2005), 'Did slaves have free will? Luke, a Slave, v. Florida and crime at the command of the master', *The Florida Historical Quarterly*, 83, 241–57.

12 Morris, T. D. (1996), *Southern Slavery and the Law 1619–1860*. Chapel Hill, NC: North Carolina University Press.

13 http://www.ilo.org/global/topics/forced-labour/lang-en/index.htm.

14 Global Slavery Index, https://www.globalslaveryindex.org/findings/.

15 'Global Estimates of Modern Slavery: Forced Labour and Forced Marriage', International Labour Office (ILO), Geneva, 2017.

16 Coontz, S. (2006), *Marriage, a History: How Love Conquered Marriage*. London: Penguin.

17 http://wbl.worldbank.org/.

18 Zajonc, R. B. (1968), 'Attitudinal effects of mere exposure', *Journal of Personality and Social Psychology*, 9, 1–27.

19 Marriage and Divorce Statistics: Statistics explained, http://ec.europa.eu/eurostat/statisticsexplained/.

20 Foreman, A. (2014), 'The heartbreaking history of divorce', *Smithsonian Magazine*, https://www.smithsonianmag.com/history/heartbreakinghistoryofdivorce-180949439/.

21 Jenkins, S. P. (2008), 'Marital splits and income changes over the longer term', Institute for Social and Economic Research, https://www.iser.essex.ac.uk/files/iser_working_papers/200807.pdf.

22 https://www.gov.uk/government/publications/the-royal-liverpool-childrens-inquiry-report.

23 'Are our children now owned by the state?' Nigel Farage discusses why Alfie's life matters on *The Ingraham Angle*, http://video.foxnews.com/v/5777069250001/?#sp=show-clips.

24 Health Care Corporation of America v.Pittas,http://caselaw.findlaw.com/pasuperior-court/1607095.html.

25 '24,771 dowry deaths reported in last 3 years', *Indian Express*, http://indianexpress.com/article/india/india-others/24771-dowry-deaths-reported inlast3years-govt/, retrieved 21 December 2016.

26 Stubborn Son Law Act of the General Court of Massachusetts in 1646: 'If a man have a stubborn or rebellious son, of sufficient years and understanding, viz. sixteen years of age, which will not obey the voice of his Father or the voice of his Mother, and that when they have chastened him will not harken unto them: then shall his Father and Mother being his natural parents, lay hold on him, and bring him to the Magistrates assembled in Court and testify unto them, that their son is stubborn and rebellious and will not obey their voice and chastisement... such a son shall be put to death.' States that followed were Connecticut (1650), Rhode Island (1668) and New Hampshire (1679).

27 Norenzayan, A., et al. (2016), 'The cultural evolution of prosocial religions', *Behavioral and Brain Sciences*, 39, E1, doi:10.1017/S0140525X14001356.

28 Pape, R. A. (2003), 'The strategic logic of suicide terrorism', *American Political Science Review*, 97, 343–61.

29 http://www.oxfordtoday.ox.ac.uk/interviews/trumpno-hitler-%E2%80%93he%E2%80%99s-mussolini-says-oxford-historian.

30 https://www.bbc.co.uk/news/world-europe-36130006.

31 Stenner, K. and Haidt, J. (2018), 'Authoritarianism is not a momentary madness'. In C. R. Sunstein, ed., *Can It Happen Here*? New York: HarperCollins.

32 Hetherington, M. and Suhay, E. (2011), 'Authoritarianism, threat, and Americans' support for the war on terror', *American Journal of Political Science*, 55, 546–60.

33 Adorno, T. W., et al. (1950), *The Authoritarian Personality*. New York: Harper & Row.

34 Kakkara, H. and Sivanathana, N. (2017), 'When the appeal of a dominant leader is greater than a prestige leader', *Proceedings of the National Academy of Sciences*, 114, 6734–9.

35 Inglehart, R. F. (2018), *Cultural Evolution: People's Motivations Are Changing, and Reshaping the World*. Cambridge: Cambridge University Press.

36 Stenner, K. and Haidt, J. (2018), 'Authoritarianism is not a momentary madness'. In C. R. Sunstein, ed., *Can It Happen Here?* New York: HarperCollins.

37 https://yougov.co.uk/topics/politics/articles-reports/2012/ 02/07/britains-nostalgic-pessimism.

38 https://yougov.co.uk/topics/politics/articles-reports/2016/ 01/08/fsafasf.

39 Inglehart, R. F. and Norris, P. (2016), 'Trump, Brexit, and the rise of Populism: Economic have-nots and cultural backlash (July 29, 2016)'. Harvard Kennedy School Working Paper No. RWP16-026, https://ssrn.com/abstract=2818659.

40 Ibid.

41 Olson, K. R. and Shaw, A. (2011), '"No fair, copycat!" What children's response to plagiarism tells us about their understanding of ideas', *Developmental Science*, 14, 431–9.

42 Vivian, L., Shaw, A. and Olson, K. R. (2013), 'Ideas versus labor: what do children value in artistic creation?' *Cognition*, 127, 38–45.

43 Shaw, A., Vivian, L. and Olson, K. R. (2012), 'Children apply principles of physical ownership to ideas', *Cognitive Science*, 36,

1383–403.

44 https://www.forbes.com/sites/oliverchiang/2010/11/13/meet-the-man-who-just-madeacool-half-million-from-the-saleofvirtual-property/#5cc281621cd3.

45 Kramer, A. D. I., Guillory, J. E. and Hancock, J. T. (2014), 'Experimental evidence of massive scale emotional contagion through social networks', *Proceedings of the National Academy of Sciences*, 111, 8788–90.

46 https://www.inc.com/melanie-curtin/was-your-facebook-data-stolenbycambridge-analytica-heres-howtotell.html.

47 Packard, V. (1957), *The Hidden Persuaders*. New York: Pocket Books.

48 Lilienfeld, S. O., et al. (2010), *50 Great Myths of Popular Psychology*. Oxford: Wiley-Blackwell.

49 Bentham, Jeremy (1838–1843), *The Works of Jeremy Bentham, published under the Superintendence of his Executor, John Bowring*. Edinburgh: William Tait, 11 vols. Vol. 1, http://oll.libertyfund.org/titles/2009.

50 Pierce, J. L., Kostova, T. and Dirks, K. T. (2003), 'The state of psychological ownership: integrating and extending a century of research', *Review of General Psychology*, 7, 84–107.

第2章 非人类可以占有，但只有人类能够拥有

1 Triplett, N. (1898), 'The dynamogenic factors in pacemaking and competition', *American Journal of Psychology*, 9, 507–33.

2 Clark, A. E. and Oswald, A. J. (1996), 'Satisfaction and comparison income', *Journal of Public Economics*, 61, 359–81.

3 Smith, D. (2015), 'Most people have no idea whether they are paid fairly', *Harvard Business Review*, December issue, https://hbr.org/2015/10/most-people-havenoidea-whether-theyre-paid-fairly.

4. Mencken, H. L. (1949/1978), 'Masculum et Feminam Creavit Eos', in *A Mencken chrestomathy*. New York: Knopf. pp. 619–20.
5. Neumark, D. and Postlewaite, A. (1998), 'Relative income concerns and the rise in married women's employment', *Journal of Public Economics*, 70, 157–83.
6. Hofmann, H. A. and Schildberger, K. (2001), 'Assessment of strength and willingness to fight during aggressive encounters in crickets', *Animal Behaviour*, 62, 337–48.
7. Davies, N. B. (1978), 'Territorial defence in the speckled wood butterfly (*Pararge aegeria*): the resident always wins', *Animal Behaviour*, 26, 138–47.
8. Lueck, D. (1995), 'The rule of first possession and the design of the law', *Journal of Law and Economics*, 38, 393–436.
9. Harmand, S., et al. (2015), '3.3million-year-old stone tools from Lomekwi 3, West Turkana, Kenya', *Nature*, 521, 310–15.
10. Mann, J. and Patterson, E. M. (2013), 'Tool use by aquatic animals', *Philosophical Transactions of the Royal Society B: Biological Sciences*, 368 (1630), https://doi.org/10.1098/rstb.2012.0424.
11. https://anthropology.net/2007/06/04/82000-year-old-jewellery-found/.
12. Brosnan, S. F. and Beran, M. J. (2009), 'Trading behavior between conspecifics in chimpanzees, *Pan troglodytes*', *Journal of Comparative Psychology*, 123, 181–94.
13. Kanngiesser, P., et al. (2011), 'The limits of endowment effects in great apes (*Pan paniscus, Pan troglodytes, Gorilla gorilla, Pongo pygmaeus*)', *Journal of Comparative Psychology*, 125, 436–45.
14. Radovčić, D., et al. (2015), 'Evidence for Neandertal jewelry: modified white-tailed eagle claws at Krapina', *PLoS ONE*, 10 (3), e0119802, doi:10.1371/journal.

15 Lewis-Williams, D. (2004), *Mind in the Cave: Consciousness and the Origins of Art*. London: Thames & Hudson.
16 Gomes, C. M. and Boesch, C. (2009), 'Wild chimpanzees exchange meat for sex on a long-term basis', *PLoS ONE*, 4 (4), e5116, doi:10.1371/ journal.pone.0005116.
17 HSBC Report (2013), 'The Future of Retirement: Life after Work', https://investments.hsbc.co.uk/myplan/files/resources/130/futureofretirementglobal-report.pdf.
18 https://www.pru.co.uk/press-centre/inheritance-plans/.
19 https://www.legalandgeneral.com/retirement/retirement-news/2018/bankofmum-and-dad-report-2018.pdf.
20 Trivers, R. L. and Willard, D. E. (1973), 'Natural selection of parental ability to vary the sex ratio of offspring', *Science*, 179, 90–92.
21 Smith, M. S., Kish, B. J. and Crawford, C. B. (1987), 'Inheritance of wealth as human kin investment', *Ethological Sociobiology*, 8, 171–82.
22 Song. S. (2018), 'Spending patterns of Chinese parents on children's backpacks support the Trivers–Willard hypothesis', *Evolution & Human Behavior*, 39, 339–42.
23 Judge, D. S. and Hrdy, S. B. (1992), 'Allocation of accumulated resources among close kin: inheritance in Sacramento, California, 1890–1984', *Ethological Sociobiology*, 13, 495–522.
24 http://www.bloomberg.com/news/articles/20130702/cheating-wivesnarrowed-infidelity-gap-over-two-decades.
25 Walker, R. S., Flynn, M. V. and Hill, K. R. (2010), 'Evolutionary history of partible paternity in lowland South America', *Proceedings of the National Academy of Sciences*, 107, 19195–200.
26 Michalski, R. L. and Shackelford, T. K. (2005), 'Grandparental

investment as a function of relational uncertainty and emotional closeness with parents', *Human Nature*, 16, 293–305.

27 Gray, P. B. and Brogdon, E. (2017), 'Do step- and biological grandparents show differences in investment and emotional closeness with their grandchildren?' *Evolutionary Psychology*, 15, 1–9.

28 Gaulin, S. J. C., McBurney, D. H. and Brakeman-Wartell, S. L. (1997), 'Matrilateral biases in the investment of aunts and uncles: a consequence and measure of paternity uncertainty', *Human Nature*, 8, 139–51.

29 Rousseau, J. J. (1754/1984) *A Discourse on Inequality*. Harmondsworth: Penguin.

30 Strassmann, J. E. and Queller, D. C. (2014), 'Privatization and property in biology', *Animal Behaviour*, 92, 305–11.

31 Riedl, K., Jensen, K., Call, J. and Tomasello, M. (2012), 'No third-party punishment in chimpanzees', *Proceedings of the National Academy of Sciences*, 109, 14824–9.

32 Rossano, F., Rakoczy, H. and Tomasello, M. (2011), 'Young children's understanding of violations of property rights', *Cognition*, 121, 219–27.

33 Slaughter, V. (2015), 'Theory of mind in infants and young children: a review', *Australian Psychologist*, 50, 169–72.

34 Guala, F. (2012), 'Reciprocity: weak or strong? What punishment experiments do (and do not) demonstrate', *Behavioral and Brain Sciences*, 35, 1–15.

35 Lewis, H. M., et al. (2014), 'High mobility explains demand sharing and enforced cooperation in egalitarian hunter-gatherers', *Nature Communications*, 5, 5789.

36 https://www.youtube.com/watch?v=UGttmR2DTY8.

37 Tilley, N., et al. (2015), 'Do burglar alarms increase burglary risk?

A counter-intuitive finding and possible explanations', *Crime Prevention and Community Safety*, 17, 1–19.
38 Fischer, P., et al. (2011), 'The bystander-effect: a meta-analytic review on bystander intervention in dangerous and non-dangerous emergencies', *Psychological Bulletin*, 137, 517–37.
39 Hardin, G. (1968), 'The tragedy of the commons', *Science*, 162, 1243–8.
40 Lloyd, W. F. (1833/1968), *Two Lectures on the Checks to Population*. New York: Augustus M. Kelley.
41 Crowther, T. W., et al. (2015), 'Mapping tree density at a global scale', *Nature*, 525, 201–5.
42 Gowdy, J. (2011), 'Hunter-gatherers and the mythology of the market', https://libcom.org/history/hunter-gatherers-mythology-market-johngowdy.
43 Sahlins, M. (1972), *Stone Age Economics*. Chicago: Aldine Publishing.
44 http://www.rewild.com/indepth/leisure.html.

第3章 所有权的起源

1 http://www.usatoday.com/story/news/nation-now/2015/10/01/banksy-mural-detroit-michigan-auction/73135144/.
2 https://www.corby.gov.uk/home/environmental-services/street-scene/enviro-crime/graffiti.
3 http://www.bristolpost.co.uk/banksysbristol-exhibition-brought-16315-million-city/story-11271699-detail/story.html.
4 http://news.bbc.co.uk/1/hi/uk/6575345.stm.
5 http://www.tate.org.uk/art/artworks/duchamp-fountain-t07573/text-summary.
6 Naumann, Francis M. (2003), 'Marcel Duchamp: money is no object. The art of defying the art market', *Art in America*, April.

7 Furby, L. (1980), 'The origins and early development of possessive behavior', *Political Psychology*, 2, 30–42.
8 White, R. W. (1959), 'Motivation reconsidered: the concept of competence', *Psychological Review*, 66, 297–333.
9 Fernald, A. and O'Neill, D. K. (1993), 'Peekaboo across cultures: how mothers and infants play with voices, faces and expressions'. In K. McDonald, ed., *Parent–Child Play: Descriptions and Implications*. Albany, NY: State University of New York Press.
10 Seligman, M. E. P. (1975), *Helplessness*. San Francisco: Freeman.
11 Goldstein, K. (1908), 'Zur lehre von de motorischen', *Journal für Psychologie und Neurologie*, 11, 169–87.
12 Finkelstein, N. W., et al. (1978), 'Social behavior of infants and toddlers in a day-care environment', *Developmental Psychology*, 14, 257–62.
13 Ibid.
14 Hay, D. F. and Ross, H. S. (1982), 'The social nature of early conflict', *Child Development*, 53, 105–13.
15 Dunn, J. and Munn, P. (1985), 'Becoming a family member: family conflict and the development of social understanding in the second year', *Child Development*, 56, 480–92.
16 Mueller, E. and Brenner, J. (1977), 'The origins of social skills and interaction among playgroup toddlers', *Child Development*, 48, 854–61.
17 Krebs, K. (1975), 'Children and their pecking order', *New Society*, 17, 127–8.
18 Vandell, D. (1976), 'Boy toddlers' social interaction with mothers, fathers, and peers'. Unpublished doctoral dissertation, Boston University.
19 Hay, D. F. and Ross, H. S. (1982), 'The social nature of early conflict', *Child Development*, 53, 105–13.

20 Burford, H. C., et al. (1996), 'Gender differences in preschoolers' sharing behavior', *Journal of Social Behavior and Personality*, 11, 17–25.
21 Whitehouse, A. J. O., et al. (2012), 'Sex-specific associations between umbilical cord blood testosterone levels and language delay in early childhood', *Journal of Child Psychology and Psychiatry*, 53, 726–34.
22 In 1994, Andrew De Vries, 28, from Aberdeen, was shot after he knocked on the back door of a house in Dallas, Texas, apparently seeking a taxi for himself and a Scottish colleague. The owner fired through the door.https://www.nytimes.com/1994/01/08/us/homeowner-shootstouristbymistakeintexas-police-say.html.
23 https://www.inverse.com/article/18683-pokemongonot-license-trespass-get-offmylawn.
24 https://www.nps.gov/yell/planyourvisit/rules.htm.
25 Blake, P. R. and Harris, P. L. (2011), 'Early representations of ownership'. In H. Ross & O. Friedman, eds., *Origins of Ownership of Property*. New Directions for Child and Adolescent Development, 132. San Francisco: Jossey-Bass, pp. 39–51.
26 Friedman, O. and Neary, K. R. (2008), 'Determining who owns what: do children infer ownership from first possession?' *Cognition*, 107, 829–49.
27 Hay, D. F. (2006), 'Yours and mine: toddlers' talk about possessions with familiar peers', *British Journal of Developmental Psychology*, 24, 39–52.
28 Nelson, K. (1976), 'Some attributes of adjectives used by young children', *Cognition*, 4, 13–30.
29 Rodgon, M. M. and Rashman, S. E. (1976), 'Expression of owner-owned relationships among holophrastic 14- and 32month-old children', *Child Development*, 47, 1219–22.

30 Friedman, O., et al. (2011), 'Ownership and object history'. In H. Ross & O. Friedman, eds., *Origins of Ownership of Property*. New Directions for Child and Adolescent Development, 132. San Francisco: Jossey-Bass, pp. 79–89.

31 Preissler, M. A. and Bloom, P. (2008), 'Two-year-olds use artist intention to understand drawings', *Cognition*, 106, 512–18.

32 Kanngiesser, P., Gjersoe, N. L and Hood, B. (2010), 'The effect of creative labor on property-ownership transfer by preschool children and adults', *Psychological Science*, 21, 1236–41.

33 Kanngiesser, P., Itakura, S. and Hood, B. (2014), 'The effect of labour across cultures: developmental evidence from Japan and the UK', *British Journal of Developmental Psychology*, 32, 320–29.

34 Kanngiesser, P. and Hood, B. (2014), 'Not by labor alone: considerations for value influences use of the labor rule in ownership judgments', *Cognitive Science*, 38, 353–66.

35 https://www.bloomberg.com/view/articles/2014-11-14/why-pay-15-millionfor-a-white-canvas.

36 https://www.telegraph.co.uk/news/worldnews/northamerica/usa/7835931/Florida-heiress-leaves-3m-and-Miami-mansion-to-chihuahua.html.

37 Noles, N. S., et al. (2012), 'Children's and adults' intuitions about who can own things', *Journal of Cognition and Culture*, 12, 265–86.

38 Ibid.

39 Martin, C. L. and Ruble, D. (2004), 'Children's search for gender cues: cognitive perspectives on gender development', *Current Directions in Psychological Science*, 13, 67–70.

40 Kahlenberg, S. M. and Wrangham, R. W. (2010), 'Sex differences in chimpanzees' use of sticks as play objects resemble those of children', *Current Biology*, 20, 1067–8.

41 Miller, C. F., et al. (2013), 'Bringing the cognitive and social together: how gender detectives and gender enforcers shape children's gender development'. In M. R. Banaji and S. A. Gelman, eds., *Navigating the Social World: What Infants, Children, and Other Species Can Teach Us.* New York: Oxford University Press.

42 Malcolm, S., Defeyter, M. A. and Friedman, O. (2014), 'Children and adults use gender and age stereotypes in ownership judgments', *Journal of Cognition and Development*, 15, 123–35.

43 Winnicott, D. W. (1953), 'Transitional objects and transitional phenomena', *International Journal of Psychoanalysis*, 34, 89–97.

44 Lehman, E. B., Arnold, B. E. and Reeves, S. L. (1995), 'Attachment to blankets, teddy bears and other non-social objects: a child's perspective', *Journal of Genetic Psychology: Research and Theory on Human Development*, 156, 443–59.

45 Hong, K. M. and Townes, B. D. (1976), 'Infants' attachment to inanimate objects. A cross-cultural study', *Journal of the American Academy of Child Psychiatry*, 15, 49–61.

46 Passman, R. H. (1987), 'Attachments to inanimate objects: are children who have security blankets insecure?' *Journal of Consulting and Clinical Psychology*, 55, 825–30.

47 Hood, B. M. and Bloom, P. (2008), 'Children prefer certain individuals to perfect duplicates', *Cognition*, 106, 455–62.

48 Fortuna, K., et al. (2014), 'Attachment to inanimate objects and early childcare: a twin study', *Frontiers in Psychology*, 5, 486.

49 Gjersoe, N. L, Hall, E. L. and Hood, B. (2015), 'Children attribute mental lives to toys only when they are emotionally attached to them', *Cognitive Development*, 34, 28–38.

50 Hood, B., et al. (2010), 'Implicit voodoo: electrodermal activity reveals a susceptibility to sympathetic magic', *Journal of Culture*

& *Cognition*, 10, 391–9.

51 Harlow, H. F., Dodsworth, R. O. and Harlow, M. K. (1965), 'Total social isolation in monkeys', *Proceedings of the National Academy of Sciences*, 54, 90–97.

第 4 章 只是关于公平

1 Shorrocks, A., Davies, J. and Lluberas, R. (2015), 'Credit Suisse Global Wealth Report', Credit Suisse.

2 Mishel, L.and Sabadish, N. (2013), 'CEO Pay in 2012 was Extraordinarily High Relative to Typical Workers and Other High Earners', Economic Policy Institute.

3 Norton, M. I. and Ariely, D. (2011), 'Building a better America– one wealth quintile at a time', *Perspectives on Psychological Science*, 6, 1–9.

4 Bechtel, M. M., Liesch, R. and Scheve, K. F. (2018), 'Inequality and redistribution behavior in a give-or-take game', *Proceedings of the National Academy of Sciences*, 115, 3611–16.

5 Somerville, J., et al. (2013), 'The development of fairness expectations and prosocial behavior in the second year of life', *Infancy*, 18, 40–66.

6 Olson, K. R. and Spelke, E. S. (2008), 'Foundations of cooperation in young children', *Cognition*, 108, 222–31.

7 Shaw, A. and Olson, K. R. (2012), 'Children discard a resource to avoid inequity', *Journal of Experimental Psychology: General*, 141, 383–95.

8 Shaw, A., DeScioli, P. and Olson, K. R. (2012), 'Fairness versus favoritism in children', *Evolution and Human Behavior*, 33, 736–45.

9 Starmans, C., Sheskin, M. and Bloom, P. (2017), 'Why people prefer unequal societies', *Nature Human Behaviour*, 1, 82, DOI:

10.1038/ s41562-017-0082.

10 Baumard, N., Mascaro, O. and Chevallier, C. (2012), 'Preschoolers are able to take merit into account when distributing goods', *Developmental Psychology*, 48, 492–8.

11 Norton, M. I. and Ariely, D. (2011), 'Building a better America – one wealth quintile at a time', *Perspectives on Psychological Science*, 6, 1–9.

12 Norton, M. I. (2014), 'Unequality: who gets what and why it matters', *Policy Insights from the Behavioral and Brain Sciences*, 1, 151–5.

13 Savani, K. and Rattam, A. (2012), 'A choice mind-set increases the acceptance and maintenance of wealth inequality', *Psychological Science*, 23, 796–804.

14 *Giving USA 2015: The Annual Report on Philanthropy for the Year 2014*. Chicago: Giving USA Foundation, p. 26; https://www.civilsociety. co.uk/.

15 Persky, J. (1995), 'Retrospectives: the ethology of Homo Economicus', *Journal of Economic Perspectives*, 9, 221–3.

16 Carter, G. G. and Wilkinson, G. S. (2015), 'Social benefits of non-kin food sharing by female vampire bats', *Philosophical Transactions of the Royal Society B: Biological Sciences*, 282, https://doi.org/10.1098/rspb.2015.2524.

17 Tomasello, M. (2009), *Why We Cooperate*. Cambridge, MA: MIT Press.

18 Carter, G. and Leffer, L. (2015), 'Social grooming in bats: are vampire bats exceptional?' *PLoS ONE*, 10 (10): e0138430, doi:10.1371/journal. pone.0138430.

19 Hemelrijk, C. K. and Ek, A. (1991), 'Reciprocity and interchange of grooming and support in captive chimpanzees', *Animal Behaviour*, 41, 923–35.

20 Batson, C. D., et al. (1997), 'In a very different voice: unmasking moral hypocrisy', *Journal of Personality and Social Psychology*, 72, 1335–48.

21 Diener, E. and Wallbom, M. (1976), 'Effects of self-awareness on anti-normative behavior', *Journal of Research in Personality*, 10, 107–11.

22 Beaman, A. L., Diener, E. and Klentz, B. (1979), 'Self-awareness and transgression in children: two field studies', *Journal of Personality and Social Psychology*, 37, 1835–46.

23 Bering, J. M. (2006), 'The folk psychology of souls', *Behavioral and Brain Sciences*, 29, 453–98.

24 Darley, J. M. and Batson, C. D. (1973), 'From Jerusalem to Jericho: a study of situational and dispositional variables in helping behavior', *Journal of Personality and Social Psychology*, 27, 100–108.

25 Shariff, A. F., et al. (2016), 'Religious priming: a meta-analysis with a focus on prosociality', *Personality and Social Psychology Review*, 20 (1), 27–48.

26 Duhaime, E. P. (2015), 'Is the call to prayer a call to cooperate? A field experiment on the impact of religious salience on prosocial behaviour', *Judgement and Decision Making*, 10, 593–6.

27 Shariff, A. F. and Norenzayan, A. (2007), 'God is watching you: priming God concept increases prosocial behavior in an anonymous economic game', *Psychological Science*, 18, 803–9.

28 Merritt, A. C., Effron, D. A. and Monin, B. (2010), 'Moral self-licensing: when being good frees us to be bad', *Social and Personality Psychology Compass*, 4, 344–57.

29 Sachdeva, S., Iliev, R. and Medin, D. L. (2009), 'Sinning saints and saintly sinners: the paradox of moral self-regulation', *Psychological Science*, 20, 523–8.

30 Henrich, J., et al. (2005), '"Economic man" in cross-cultural perspective: behavioral experiments in 15 small-scale societies', *Behavioral and Brain Sciences*, 28, 795–815.

31 Sanfey, A. G., et al. (2003), 'The neural basis of economic decisionmaking in the ultimatum game', *Science*, 300, 1755–8.

32 Blount, S. (1995), 'When social outcomes aren't fair: the effect of causal attributions on preferences', *Organizational Behavior & Human Decision Processes*, 63, 131–44.

33 Jensen, K., Call, J. and Tomasello, M. (2007), 'Chimpanzees are vengeful but not spiteful', *Proceedings of the National Academy of Sciences*, 104, 13046–50.

34 Nowak, M. (2012), *Supercooperators: Altruism, Evolution, and Why We Need Each Other to Succeed*. New York: Free Press.

35 https://www.theguardian.com/science/head-quarters/2016/jul/05/deal-orno-deal-brexit-and-the-allure-of-self-expression.

36 Yamagishi, Y., et al. (2012), 'Rejection of unfair offers in the ultimatum game is no evidence of strong reciprocity', *Proceedings of the National Academy of Sciences*, 109, 20364–8.

37 Yamagishi, Y., et al. (2009), 'The private rejection of unfair offers and emotional commitment', *Proceedings of the National Academy of Sciences*, 106, 11520–23.

38 Xiao, E. and Houser, D. (2005), 'Emotion expression in human punishment behavior', *Proceedings of the National Academy of Sciences*, 102, 7398–401.

39 Ong, Q., et al. (2013), 'The self-image signaling roles of voice in decisionmaking', https://econpapers.repec.org/paper/nanwpaper/1303.htm.

40 Hamann, K., et al. (2012), 'Collaboration encourages equal sharing in children but not in chimpanzees', *Nature*, 476, 328–31.

41 https://www.theguardian.com/commentisfree/2017/may/24/blood-

donorservice-manchester-attack.
42 Li, Y., et al. (2013), 'Experiencing a natural disaster alters children's altruistic giving', *Psychological Science*, 24, 1686–95.
43 Andreoni, J. (1990), 'Impure altruism and donations to public goods: a theory of warm-glow giving', *The Economic Journal*, 100, 464–77.
44 Crumpler, H. and Grossman, P. J. (2008), 'An experimental test of warm glow giving', *Journal of Public Economics*, 92, 1011–21.
45 Titmuss, R. M. (1970), *The Gift Relationship*. London: Allen and Unwin.
46 Mellström, C. and Johannesson, M. (2008), 'Crowding out in blood donation. Was Titmuss right?' *Journal of the Economic Association*, 6, 845–63.
47 Ferguson, E., et al. (2012), 'Blood donors' helping behavior is driven by warm glow: more evidence for the blood donor benevolence hypothesis', *Transfusion*, 52, 2189–200.
48 Smith, A. (1759), 'Of Sympathy', in *The Theory of Moral Sentiments*. London: A Millar, pt 1, sec. 1, ch. 1.
49 Xu, X., et al. (2009), 'Do you feel my pain? Racial group membership modulates empathic neural responses', *Journal of Neuroscience*, 29, 8525–9.

第5章 所有物、财富与幸福

1 Smith, A. (1759), *The Theory of Moral Sentiments*. London: A Millar, pt 1, sec. 3, ch. 2.
2 http://www.nytimes.com/2010/03/19/world/asia/19india.html.
3 Jaikumar, S. and Sarin, A. (2015), 'Conspicuous consumption and income inequality in an emerging economy: evidence from India', *Marketing Letters*, 26, 279–92.
4 https://www.independent.co.uk/news/world/americas/donald-trump-

billgates-hiv-hpv-daughter-jennifer-looks-helicopter-a8357141.html.
5   Wallman, J. (2015), *Stuffocation: Living More with Less*. London: Penguin.
6   Trentmann, F. (2017), *Empire of Things: How We Became a World of Consumers, from the Fifteenth Century to the Twenty-First*. London: Penguin.
7   Beder, S. (2004), 'Consumerism: an historical perspective', *Pacific Ecologist*, 9, 42–8.
8   Zevin, D. and Edy, C. (1997), 'Boom time for Gen X', *US News and World Report*, 20 October.
9   Turner, C. (2105), 'Homes Through the Decades', NHBC Foundation, http://www.nhbc.co.uk/cms/publish/consumer/ NewsandComment/ HomesThroughTheDecades.pdf.
10 Veblen, T. (1899), *The Theory of the Leisure Class: An Economic Study of Institutions*. New York: Macmillan.
11 Loyau, A., et al. (2005), 'Multiple sexual advertisements honestly reflect health status in peacocks (*Pavo cristatus*)', *Behavioral Ecology and Sociobiology*, 58, 552–7.
12 Petrie, M. and Halliday, T. (1994), 'Experimental and natural changes in the peacock's (*Pavo cristatus*) train can affect mating success', *Behavioral Ecology and Sociobiology*, 35, 213–17.
13 Nave, G., et al. (2018), 'Single-dose testosterone administration increases men's preference for status goods', *Nature Communications*, 9, 2433, DOI: 10.1038/s41467-018-04923-0.
14 http://www.bain.com/publications/articles/luxury-goods-worldwide-marketstudy-fall-winter-2016.aspx.
15 Nelissen, R. M. A. and Meijers, M. H. C. (2011), 'Social benefits of luxury brands as costly signals of wealth and status', *Evolution and Human Behavior*, 32, 343–55.
16 Gjersoe, N. L., et al. (2014), 'Individualism and the extended-self:

cross-cultural differences in the valuation of authentic objects', *PLoS ONE*, 9 (3), e90787, doi:10.1371/journal.pone.0090787.

17 https://nypost.com/2016/06/21/trump-has-been-giving-out-fake-diamondcuff-links-for-years/.

18 Schmidt, L., et al. (2017), 'How context alters value: the brain's valuation and affective regulation systems link price cues to experienced taste pleasantness', *Scientific Reports*, 7, 8098.

19 Gino, F., Norton, M. I. and Ariely, D. A. (2010), 'The counterfeit self: the deceptive costs of faking it', *Psychological Science*, 21, 712–20.

20 Bellezza, S., Gino, F. and Keinan, A. (2014), 'The red sneakers effect: inferring status and competence from signals of nonconformity', *Journal of Consumer Research*, 41, 35–54.

21 Ward, M. K. and Dahl, D. W. (2014), 'Should the Devil sell Prada? Retail rejection increases aspiring consumers' desire for the brand', *Journal of Consumer Research*, 41, 590–609.

22 http://www.dailymail.co.uk/femail/article-2822546/As-Romeo-Beckhamstars-new-ad-Burberry-went-chic-chav-chic-again.html.

23 Eckhardt, G., Belk, R. and Wilson, J. (2015), 'The rise of inconspicuous consumption', *Journal of Marketing Management*, 31, 807–26.

24 Smith, E. A., Bliege Bird, R. L. and Bird. D. W. (2003), 'The benefits of costly signaling: Meriam turtle hunters', *Behavioral Ecology*, 14, 116–26.

25 Frank. R. H. (1999), *Luxury Fever: Why Money Fails to Satisfy in an Era of Excess*. Princeton, NJ: Princeton University Press.

26 Whillans, A. V., Weidman, A. C. and Dunn, E. W. (2016), 'Valuing time over money is associated with greater happiness', *Social Psychological and Personality Science*, 7, 213–22.

27 Hershfield, H. E., Mogilner, C. and Barnea, U. (2016), 'People

who choose time over money are happier', *Social Psychological and Personality Science*, 7, 697–706.

28 Nickerson, C., et al. (2003), 'Zeroing in on the dark side of the American Dream: a closer look at the negative consequences of the goal for financial success', *Psychological Science*, 14, 531–6.

29 Quartz, S. and Asp, A. (2015), *Cool: How the Brain's Hidden Quest for Cool Drives Our Economy and Shapes Our World*. New York: Farrar, Straus and Giroux.

30 Frank, R. H. (1985), *Choosing the Right Pond: Human Behavior and the Quest for Status*. New York: Oxford University Press.

31 Solnicka, S. J. and Hemenway, D. (1998), 'Is more always better? A survey on positional concerns', *Journal of Economic Behavior & Organization*, 37, 373–83.

32 Medvec, V. H., Madey, S. F. and Gilovich, T. (1995), 'When less is more: co unterfactual thinking and satisfaction among Olympic medalists', *Journal of Personality and Social Psychology*, 69, 603–10.

33 de Castro, J.M. (1994), 'Family and friends produce greater social facilitation of food intake than other companions', *Physiology & Behavior*, 56, 445–55.

34 Doob, A. N. and Gross, A. E. (1968), 'Status of frustrator as an inhibitor of horn-honking responses', *Journal of Social Psychology*, 76, 213–18.

35 Holt-Lunstad, J., et al. (2015), 'Loneliness and social isolation as risk factors for mortality: a meta-analytic review', *Perspectives on Psychological Science*, 10, 227–37.

36 Festinger, L. (1954), 'A theory of social comparison processes', *Human Relations*, 7, 117–40.

37 Charles, K. K., Hurst, E. and Roussanov, N. (2009), 'Conspicuous consumption and race', *Quarterly Journal of Economics*, 124 (2),

425–67.

38 Jaikumar, S., Singh, R. and Sarin, A. (2017), '"I show off, so I am well off": subjective economic well-being and conspicuous consumption in an emerging economy', *Journal of Business Research*, DOI: 10.1016/j. jbusres.2017.05.027.

39 Charles, K. K., Hurst, E. and Roussanov, N. (2009), 'Conspicuous consumption and race', *Quarterly Journal of Economics*, 124 (2), 425–67.

40 Kaus, W. (2010), 'Conspicuous Consumption and Race: Evidence from South Africa', Papers on Economics and Evolution, No. 1003, MaxPlanck-Institute für Ökonomik, Jena.

41 http://www.epi.org/publication/black-white-wage-gaps-expand-with-risingwage-inequality/.

42 Zizzo, D. J. (2003), 'Money burning and rank egalitarianism with random dictators', *Economics Letters*, 81, 263–6.

43 Joseph, J. E., et al. (2008), 'The functional neuroanatomy of envy'. In R. H. Smith, ed., *Envy: Theory and Research*. Oxford: Oxford University Press, pp. 290–314.

44 van de Ven, N., et al. (2015), 'When envy leads to schadenfreude', *Cognition and Emotion*, 29, 1007–25.

45 van de Ven, N., Zeelenberg, M. and Pieters, R. (2015), 'Leveling up and down: the experiences of benign and malicious envy', *Emotion*, 9, 419–29.

46 van de Ven, N., Zeelenberg, M. and Pieters, R. (2015), 'The envy premium in product evaluation', *Journal of Consumer Research*, 37, 984–98.

47 Taute, H. A. and Sierra, J. (2014), 'Brand tribalism: an anthropological perspective', *Journal of Product & Brand Management*, 23, 2–15.

48 https://www.independent.co.uk/news/business/news/brexit-latest-news-fatcat-pay-rethink-cipd-report-a7584391.html.

49 https://www.statista.com/statistics/424159/pay-gap-between-ceos-andaverage-workers-in-world-by-country/.
50 https://www.usatoday.com/story/money/2017/05/23/ceo-pay-highest-paidchief-executive-officers-2016/339079001/.
51 https://www.theguardian.com/media/greenslade/2016/aug/08/why-newspaper-editors-like-fat-cats-they-help-to-sell-newspapers.
52 http://www.dailymail.co.uk/tvshowbiz/article-4209686/Ruby-Rose-hintstall-poppy-syndrome-Australia.html.
53 Nishi, C. L., et al. (2015), 'Inequality and visibility of wealth in experimental social networks', *Nature*, 526, 426–29.
54 Easterlin, R. A. (1974), 'Does economic growth improve the human lot?' In Paul A. David and Melvin W. Reder, eds., *Nations and Households in Economic Growth: Essays in Honor of Moses Abramovitz*. New York: Academic Press.
55 https://www.ft.com/content/dd6853a4-8853-11da-a25e-0000779e2340.
56 Diener, E. (2006), 'Guidelines for national indicators of subjective well-being and ill-being', *Journal of Happiness Studies*, 7, 397–404.
57 Kahneman, D. and Deaton, A. (2010), 'High income improves evaluation of life but not emotional well-being', *Proceedings of the National Academy of Sciences*, 107, 16489–93.
58 Gilovich, T. and Kumar, A. (2015), 'We'll always have Paris: the hedonic payoff from experiential and material investments', *Advances in Experimental Social Psychology*, 51, 147–87.
59 Nawijn, J., et al. (2010), 'Vacationers happier, but most not happier after a holiday', *Applied Research in Quality of Life*, 5, 35–47.
60 Loftus, E. (1979), 'The malleability of human memory', *American Scientist*, 67, 312–20.
61 Matlin, M. W. and Stang, D. J (1978), *The Pollyanna Principle:*

Selectivity in Language, Memory, and Thought. Cambridge, MA: Schenkman Publishing Co.

62 Oerlemans, W. G. M. and Bakker, A. B. (2014), 'Why extraverts are happier: a day reconstruction study', *Journal of Research in Personality*, 50, 11–22.

63 Matz, S. C., Gladston, J. J. and Stillwell, D. (2016), 'Money buys happiness when spending fits our personality', *Psychological Science*, 27, 715–25.

64 Lee, J. C., Hall, D. L. and Wood, W. (2018), 'Experiential or material purchases? Social class determines purchase happiness', *Psychological Science*, https://doi.org/10.1177/0956797617736386.

65 https://www.ons.gov.uk/peoplepopulationandcommunity/leisureand tourism/articles/traveltrends/2015#travel-trends-2015-main-findings.

66 https://www.forbes.com/sites/deborahweinswig/2016/09/07/millennials-gominimal-the-decluttering-lifestyle-trend-that-istaking-over/#1d955a583755.

67 https://www.mewssystems.com/blog/why-hotels-are-so-wasteful-and-howthey-can-stop.

68 Lenzen, M., et al. (2018), 'The carbon footprint of global tourism', *Nature Climate Change*, 8, 522–8.

第6章 我即我之所有

1 https://www.caba.org.uk/help-and-guides/information/coping-emotionalimpact-burglary.

2 http://www.huffingtonpost.com/2015/04/21/self-storage-mcdonalds_n_ 7107822.html.

3 James, W. (1890), *Principles of Psychology*. New York: Henry Holt & Co.

4 Sartre, J.-P. (1943/1969), *Being and Nothingness: A Phenomenological*

Essay on Ontology. New York: Philosophical Library/London: Methuen.

5 McCracken, G. (1990), *Culture and Consumption*. Bloomington, Ind.: Indiana University Press.

6 Shoumatoff, A. (2014), 'The Devil and the art dealer', *Vanity Fair*, April, https://www.vanityfair.com/news/2014/04/degenerate-art-cornelius-gurlittmunich-apartment.

7 Prelinger, E. (1959), 'Extension and structure of the self', *Journal of Psychology*, 47, 13–23.

8 Dixon, S. C. and Street, J. W. (1975), 'The distinction between self and non-self in children and adolescents', *Journal of Genetic Psychology*, 127, 157–62.

9 Belk, R. (1988), 'Possessions and the extended self', *Journal of Consumer Research*, 15, 139–68.

10 https://www.theguardian.com/music/2017/jan/03/record-sales-vinyl-hits-25-year-high-and-outstrips-streaming.

11 Marx, K. (1990), *Capital*. London: Penguin Classics.

12 Nemeroff, C. J. and Rozin, P. (1994), The contagion concept in adult thinking in the United States: transmission of germs and of interpersonal influence', *Ethos: Journal of the Society for Psychological Anthropology*, 22, 158–86.

13 Lee, C., et al. (2011), 'Putting like a pro: the role of positive contagion in golf performance and perception', *PLoS ONE*, 6 (10), e26016.

14 Damisch, L., Stoberock, B. and Mussweiler, T. (2010), 'Keep your fingers crossed! How superstition improves performance', *Psychological Science*, 21, 1014–20.

15 Vohs, K. (2015), 'Money priming can change people's thoughts, feelings, motivations, and behaviors: an update on 10 years of experiments', *Journal of Experimental Psychology: General*, 144,

8693.

16 Belk, R. (1988), 'Possessions and the extended self', *Journal of Consumer Research*, 15, 139–68.

17 Belk, R. W. (2013), 'Extended self in a digital world', *Journal of Consumer Research*, 40, 477–500.

18 Vogel, E. A., et al. (2015), 'Who compares and despairs? The effect of social comparison orientation on social media use and its outcomes', *Personality and Individual Differences*, 86, 249–56.

19 Hood, B. (2012), *The Self Illusion*. New York: Oxford University Press.

20 Evans, C. (2018), '1.7 million U.S Facebook users will pass away in 2018', The Digital Beyond, http://www.thedigitalbeyond.com/2018/ 01/1-7-million-u-s-facebook-users-will-pass-away-in-2018/.

21 Öhman, C. and Floridi, L. (2018), 'An ethical framework for the digital afterlife industry', *Nature Human Behavior*, 2, 318–20.

22 Henrich, J., Heine, S. J. and Norenzayan, A. (2010), 'The weirdest people in the world?' *Behavioral and Brain Sciences*, 33, 61–135.

23 Nisbett, R. E. (2003), *The Geography of Thought*. New York: Free Press.

24 Rochat, P., et al. (2009), 'Fairness in distributive justice by 3- and 5-year-olds across 7 cultures', *Journal of Cross-Cultural Psychology*, 40, 416–42.

25 Weltzien, S., et al. (forthcoming), 'Considering self or others across two cultural contexts: how children's prosocial behaviour is affected by selfconstrual manipulations', *Journal of Experimental Child Psychology*.

26 Best, E. (1924), *The Maori, Vol. 1*. Wellington, New Zealand: H. H. Tombs, p. 397.

27 Masuda, T. and Nisbett, R. E. (2001), 'Attending holistically vs

analytically: comparing the context sensitivity of Japanese and Americans', *Journal of Personality & Social Psychology*, 81, 922–34.
28 Kitayama, S., et al. (2003), 'Perceiving an object and its context in different cultures', *Psychological Science*, 14, 201–6.
29 Gutchess, A. H., et al. (2006), 'Cultural differences in neural function associated with object processing', *Cognitive Affective Behavioral Neuroscience*, 6, 102–9.
30 Hedden, T., et al. (2008), 'Cultural influences on neural substrates of attentional control', *Psychological Science*, 19, 12–17.
31 Tang, Y., et al. (2006), 'Arithmetic processing in the brain shaped by cultures', *Proceedings of the National Academy of Sciences*, 103, 10775–80.
32 Zhu, Y., et al. (2007), 'Neural basis of cultural influence on self representation', *NeuroImage*, 34, 1310–17.
33 Kobayashi, C., Glover, G. H. and Temple, E. (2006), 'Cultural and linguistic influence on neural bases of theory of mind: an fMRI study with Japanese bilinguals', *Brain & Language*, 98, 210–20.
34 Gardner, W. L., Gabriel, S. and Lee, A. Y. (1999), '"I" value freedom, but "we" value relationships: self-construal priming mirrors cultural differences in judgment', *Psychological Science*, 10, 321–26.
35 Kiuchi, A. (2006), 'Independent and interdependent self-construals: ramifications for a multicultural society', *Japanese Psychological Research*, 48, 1–16.
36 Han, S. and Humphreys, G. (2016), 'Self-construal: a cultural framework for brain function', *Current Opinion in Psychology*, 8, 10–14.
37 Bruner, J. S. (1951), 'Personality dynamics and the process of perceiving'. In R. R. Blake and G. V. Ramsey, eds., *Perception: An*

Approach to Personality. New York: Ronald Press.
38 Mumford, L. (1938), *The Culture of Cities*. New York: Harcourt, Brace and Company.
39 Turner, F. J. (1920), *The Frontier in American History*. New York: Henry Holt & Co.
40 Vandello, J. A. and Cohen, D. (1999), 'Patterns of individualism and collectivism across the United States', *Journal of Personality and Social Psychology*, 77, 279–92.
41 Kitayama, S., et al. (2006), 'Voluntary settlement and the spirit of independence: evidence from Japan's "northern frontier"', *Journal of Personality and Social Psychology*, 91, 369–84.
42 Santos, H. C., Varnum, M. E. W. and Grossmann, I. (2017), 'Global increases in individualism', *Psychological Science*, 28, 1228–39.
43 Yu, F., et al. (2016), 'Cultural value shifting in pronoun use', *Journal of Cross-Cultural Psychology*, 47, 310–16.
44 Grossmann, I. and Varnum, M. E. W. (2015), 'Social structure, infectious diseases, disasters, secularism, and cultural change in America', *Psychological Science*, 26, 311–24.
45 Piaget, J. and Inhelder, B. (1969), *The Psychology of the Child*. New York: Basic Books.
46 Rodriguez, F. A., Carlsson, F. and Johansson-Stenman, O. (2008), 'Anonymity, reciprocity, and conformity: evidence from voluntary contributions to a national park in Costa Rica', *Journal of Public Economics*, 92, 1047–60.
47 Gächter, S. and Herrmann, B. (2009), 'Reciprocity, culture, and human cooperation: previous insights and a new cross-cultural experiment', *Philosophical Transactions of the Royal Society B: Biological Sciences*, 364, 791–80.
48 Cunningham, S., et al. (2008), 'Yours or mine? Ownership and

memory', *Consciousness and Cognition*, 17, 312–18.
49 Cunningham, S., et al. (2013), 'Exploring early self-referential memory effects through ownership', *British Journal of Developmental Psychology*, 31, 289–301.
50 Rogers, T. B., Kuiper, N. A. and Kirker, W. S. (1977), 'Self-reference and the encoding of personal information', *Journal of Personality and Social Psychology*, 35, 677–88.
51 Turk, D. J., et al. (2011), 'Mine and me: exploring the neural basis of object ownership', *Journal of Cognitive Neuroscience*, 11, 3657–68.
52 Zhu, Y., et al. (2007), 'Neural basis of cultural influence on selfrepresentation', *NeuroImage*, 34, 1310–16.
53 Shavitt, S. and Cho, H. (2016), 'Culture and consumer behavior: the role of horizontal and vertical cultural factors', *Current Opinion in Psychology*, 8, 149–54.
54 Shavitt, S., Johnson, T. P. and Zhang, J. (2011), 'Horizontal and vertical cultural differences in the content of advertising appeals', *Journal of International Consumer Marketing*, 23, 297–310.
55 https://www.theguardian.com/books/2016/dec/11/undoing-project-michaellewis-review-amos-tversky-daniel-kahneman-behavioural-psychology.
56 Kahneman, D. and Tversky, A. (1984), 'Choices, values, and frames', *American Psychologist*, 39, 341–50.
57 Kahneman, D. (2012), *Thinking, Fast and Slow.* London: Penguin.
58 Brickman, P., Coates, D. and Janoff-Bulman, R. (1978), 'Lottery winners and accident victims: is happiness relative?' *Journal of Personality and Social Psychology*, 36, 917–27.
59 Lindqvist, E., Östling, R. and Cecarini, D. (2018), *Long-run Effects of Lottery Wealth on Psychological Well-being.* Working Paper Series 1220, Research Institute of Industrial Economics.

60 Rosenfeld, P. J., Kennedy, G. and Giacalone, R. A. (1986), 'Decision making: a demonstration of the postdecision dissonance effect', *Journal of Social Psychology*, 126, 663–5.

61 Langer, E. (1975), 'The illusion of control', *Journal of Personality and Social Psychology*, 32, 311–28.

62 van de Ven, N. and Zeelenberg, M. (2011), 'Regret aversion and the reluctance to exchange lottery tickets', *Journal of Economic Psychology*, 32, 194–200.

63 Gilovich, T., Medvec, V. H. and Chen, S. (1995), 'Commission, omission, and dissonance reduction: coping with regret in the "Monty Hall" problem', *Personality and Social Psychology Bulletin*, 21, 185–90.

64 Hintze, A., et al. (2015), 'Risk sensitivity as an evolutionary adaptation', *Science Reports*, 5, 8242, doi:10.1038/srep08242.

65 Dunbar, R. (1993), 'Coevolution of neocortical size, group size and language in humans', *Behavioral and Brain Sciences*, 16, 681–735.

66 Cronqvist, H. and Siegel, S. (2014), 'The genetics of investment biases', *Journal of Financial Economics*, 113, 215–34.

67 Rangel, A., Camerer, C. and Montague, P. R. (2008), 'A framework for studying the neurobiology of value-based decision making', *Nature Review Neuroscience*, 9, 545–56.

68 Knutson, B. and Greer, S. M. (2008), 'Anticipatory affect: neural correlates and consequences for choice', *Philosophical Transactions of the Royal Society B: Biological Sciences*, 363, 3771–86.

69 DeWall, C. N., Chester, D. S. and White, D. S. (2015), 'Can acetaminophen reduce the pain of decision-making?' *Journal of Experimental Social Psychology*, 56, 117–20.

70 Knutson, B., et al. (2008), 'Neural antecedents of the endowment

effect', *Neuron*, 58, 814–22.

第7章 放手

1. Kahneman, D. and Tversky, A. (1979), 'Prospect theory: an analysis of decision under risk', *Econometrica*, 47, 263–92.
2. Novemsky, N. and Kahneman, D. (2005), 'The boundaries of loss aversion', *Journal of Marketing Research*, 42, 119–28.
3. Kahneman, D., Knetsch, J. L. and Thaler, R. H. (1991), 'The endowment effect, loss aversion and status quo bias', *Journal of Economic Perspectives*, 5, 193–206.
4. Bramsen, J.-M. (2008), 'A Pseudo-Endowment Effect in Internet Auctions', MPRA Paper, University Library of Munich, Germany.
5. Wolf, J. R., Arkes, H. R. and Muhanna, W. (2008), 'The power of touch: an examination of the effect of duration of physical contact on the valuation of objects', *Judgment and Decision Making*, 3, 476–82.
6. Maddux, W. M., et al. (2010), 'For whom is parting with possessions more painful? Cultural differences in the endowment effect', *Psychological Science*, 21, 1910–17.
7. Harbaugh, W. T., Krause, K. and Vesterlund, L. (2001), 'Are adults better behaved than children? Age, experience, and the endowment effect', *Economics Letters*, 70, 175–81.
8. Hood, B., et al. (2016), 'Picture yourself: self-focus and the endowment effect in preschool children', *Cognition*, 152, 70–77.
9. Hartley, C. and Fisher, S. (2017), 'Mine is better than yours: investigating the ownership effect in children with autism spectrum disorder and typically developing children', *Cognition*, 172, 26–36.
10. Lee, A., Hobson, R. P. and Chiat, S. (1994), 'I, you, me, and autism: an experimental study', *Journal of Autism and*

Developmental Disorders, 24, 155–76.
11 Lind, S. E. (2010), 'Memory and the self in *autism*: a review and theoretical framework', Autism, 14, 430–56.
12 Apicella, C. L., et al. (2014), 'Evolutionary origins of the endowment effect: evidence from hunter-gatherers', *American Economic Review*, 104, 1793–805.
13 List, J. A. (2011), 'Does market experience eliminate market anomalies? The case of exogenous market experience', *American Economic Review*, 101, 313–17.
14 Tong, L. C. P., et al. (2016), 'Trading experience modulates anterior insula to reduce the endowment effect', *Proceedings of the National Academy of Sciences*, 113, 9238–43.
15 http://edition.cnn.com/2008/US/11/28/black.friday.violence/index.html.
16 Seymour, B., et al. (2007), 'Differential encoding of losses and gains in the human striatum', *Journal of Neuroscience*, 27, 4826–31.
17 Knutson, B. and Cooper, J. C. (2009), 'The lure of the unknown', *Neuron*, 51, 280–81.
18 Olds, J. and Milner, P. (1954), 'Positive reinforcement produced by electrical stimulation of septal area and other regions of rat brain', *Journal of Comparative Physiological Psychology*, 47, 419–27.
19 Blum, K., et al. (2012), 'Sex, drugs, and rock 'n' roll: hypothesizing common mesolimbic activation as a function of reward gene polymorphisms', *Journal of Psychoactive Drugs*, 44, 38–55.
20 Moore, T. J., Glenmullen, J. and Mattison, D. R. (2014), 'Reports of pathological gambling, hypersexuality, and compulsive shopping associated with dopamine receptor agonist drugs', *Journal of the American Medical Association*, 174, 1930–33.

21 Knutson, B., et al. (2006), 'Neural predictors of purchases', *Neuron*, 53, 147–56.
22 Cath, D. C., et al. (2017), 'Age-specific prevalence of hoarding and obsessive-compulsive disorder: a population-based study', *American Journal of Geriatric Psychiatry*, 25, 245–55.
23 http://time.com/2880968/connecticut-hoarder-beverly-mitchell/.
24 http://www.mfb.vic.gov.au/Community-Safety/Home-Fire-Safety/Hoarding-a-lethal-fire-risk.html.
25 Samuels, J. F., et al. (2007), 'Hoarding in obsessive-compulsive disorder: results from the OCD collaborative genetics study', *Behaviour Research and Therapy*, 45, 673–86.
26 Cooke, J. (2017), *Understanding Hoarding*. London: Sheldon Press.
27 Tolin, D. F., et al. (2012), 'Neural mechanisms of decision making in hoarding disorder', *Archives of General Psychiatry*, 69, 832–41.
28 Christopoulos, G. I., et al. (2009), 'Neural correlates of value, risk, and risk aversion contributing to decision making under risk', *Journal of Neuroscience*, 29, 12574–83.
29 Votinov, M., et al. (2010), 'The neural correlates of endowment effect without economic transaction', *Neuroscience Research*, 68, 59–65.
30 http://www.investinganswers.com/personal-finance/homes-mortgages/8-insane-ways-people-destroyed-their-foreclosed-homes-4603.
31 Garcia-Moreno, C., et al. (2005), *WHO Multicountry Study on Women's Health and Domestic Violence Against Women: Initial Results on Prevalence, Health Outcomes and Women's Responses*. Geneva: World Health Organization.
32 Yardley, E., Wilson, D. and Lynes, A. (2013), 'A taxonomy of male British family annihilators, 1980–2012', *The Howard Journal of Crime and Justice*, 53, 117–40.

33 Nadler, J. and Diamond, S. S. (2008), 'Eminent domain and the psychology of property rights: proposed use, subjective attachment, and taker identity', *Journal of Empirical Legal Studies*, 5, 713–49.

34 https://www.theglobeandmail.com/real-estate/vancouver/meet-the-wealthyimmigrants-at-the-centre-of-vancouvers-housingdebate/article31212036/.

35 http://www.propertyportalwatch.com/juwei-com-survey-finds-chinesebuyers-prefer-new-homes/.

36 Quote in Revkin, Andrew C. (2016), 'In Italy's earthquake zone, love of place trumps safety', *New York Times*, 25 August, http://dotearth.blogs.nytimes.com/2016/08/25/in-italys-earthquake-zone-love-of-place-trumps-safety/.

37 Rozin, P. and Wolf, S. (2008), 'Attachment to land: the case of the land of Israel for American and Israeli Jews and the role of contagion', *Judgment and Decision Making*, 3, 325–34.

38 Dittmar, H., et al. (2014), 'The relationship between materialism and personal well-being: a meta-analysis', *Journal of Personality and Social Psychology*, 107, 879–924.

尾声

1 Csikszentmihalyi, M. (1982), 'The Symbolic Function of Possessions: Towards a Psychology of Materialism'. Paper presented at the 90th Annual Convention of the American Psychological Association, Washington, DC., quoted in Belk, R. (1988), 'Possessions and the extended self', *Journal of Consumer Research*, 15, 139–68.

2 https://www.facebook.com/WokeFolks/videos/1014990085308007/.

3 Schopenhauer, A. (1851), *Parerga und Paralipomena*. Berlin.

4. Ackerman, D., MacInnis, D. and Folkes, F. (2000), 'Social comparisons of possessions: when it feels good and when it feels bad', *Advances in Consumer Research*, 27, 173–8.
5. Belk, R. (2011), 'Benign envy', *Academy of Marketing Sciences Review*, 1, 117–34.
6. Wolcott, R. C. (2018), 'How automation will change work, purpose and meaning', *Harvard Business Review*, January, https://hbr.org/2018/01/how-automation-will-change-work-purpose-and-meaning.
7. https://www.rita.dot.gov/bts/sites/rita.dot.gov.bts/files/publications/transportation_economic_trends/ch4/index.html.